高转化的设计力
Photoshop
视觉设计专业教程

Patty 许 编著

U0338034

人民邮电出版社

北 京

图书在版编目（CIP）数据

高转化的设计力：Photoshop视觉设计专业教程 /
Patty许编著. -- 北京：人民邮电出版社，2019.6
ISBN 978-7-115-50175-2

Ⅰ．①高… Ⅱ．①P… Ⅲ. ①图象处理软件－教材
Ⅳ．①TP391.413

中国版本图书馆CIP数据核字(2019)第036837号

内 容 提 要

本书着重讲解如何从商业角度去解读视觉设计，提升设计师的视觉水平，以及设计的技术和技巧。书中首先讲解了视觉设计不可逆的基础原则，其次通过商业视觉案例来认识电商视觉设计对销售进程中每个环节的影响，最后是 5 个完整视觉设计案例解析。本书案例部分的内容讲解依托于 Photoshop，按"设计+制作"的讲解模式，帮助解决设计灵感的获取、商业价值的提升，以及如何像设计师一样使用 Photoshop 等实际问题。

随书配有书中视觉设计案例制作过程的教学视频和素材文件。视频讲解中，除了案例制作过程，还分享了大量 Photoshop 使用经验，帮助读者提升操作能力。

本书适合设计师、运营人员、电商从业者、互联网产品设计师、产品经理、对视觉设计感兴趣的人和高等院校相关专业学生阅读。

◆ 编　著　Patty 许
　　责任编辑　杨　璐
　　责任印制　马振武

◆ 人民邮电出版社出版发行　北京市丰台区成寿寺路 11 号
　　邮编　100164　电子邮件　315@ptpress.com.cn
　　网址　http://www.ptpress.com.cn
　　北京东方宝隆印刷有限公司印刷

◆ 开本：889×1194　1/16
　　印张：12
　　字数：468 千字　　　　　　　2019 年 6 月第 1 版
　　印数：1—5 000 册　　　　　2019 年 6 月北京第 1 次印刷

定价：99.00 元
读者服务热线：(010)81055410　印装质量热线：(010)81055316
反盗版热线：(010)81055315
广告经营许可证：京东工商广登字 20170147 号

PATTY'S POINTS
作者有话说

本书是初级 Photoshop 爱好者的快速自学书。但是学习
Photoshop 软件不是本书的唯一目的。市面上的各种软件教
程比比皆是，很多人学习了很久，但依然不能独立创作出好
的作品。我认为通过 Photoshop 工具把我们的想法以平面
视觉完善地呈现出来才是最终目的。

视觉画面是激发人们情绪反应的东西。在我们注意到任何商
业信息内容之前，首先会被视觉画面所吸引。我们每个人都
有自己最喜欢的视觉风格。

在本书中会以我对 6 大国际流行的视觉风格的精彩研究为出
发点，深入讲解每种风格的文化背景、视觉关键点、表达形
态和传递的感觉等知识，提升和完善你的视觉体系。再以真
实案例全面、系统地讲解每种风格的实现步骤和 Photoshop
的使用技巧，帮你以设计师的角色去学习使用 Photoshop
的应用功能 。

希望本书能丰富你的视觉眼界，又能帮你轻松掌握
Photoshop 的实用技巧。所有实操案例均配有教学视频和全
套练习素材。本书适合广大 Photoshop 初学者，以及向往
从事平面设计、插画设计、多媒体设计和广告设计等艺术从
业者。

CONTENTS
目录

CHAPTER 1
互联网时代，视觉设计对我们的影响

CHAPTER 2
灵感创意的由来

CHAPTER 5
Photoshop 设计实战

DOUBLE EXPOSURE
双重曝光

1980s RETRO WAVE
1980 年代复古浪潮

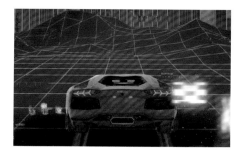

LOW POLY
低多边形
P.082

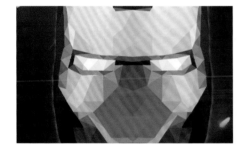

VEXEL ART
层次插画
P.094

COAL VS. FIRE
焦炭与火星 / 火苗碰撞
P.169

Photoshop
快捷键
P.187

CHAPTER 1
互联网时代，视觉设计对我们的影响

现在我们时刻都可能与互联网发生关系。

每天从我们睁眼醒来的那一刻，一直到闭上眼入睡之前，可能会浏览无数个页面、应用和社交信息，来满足我们娱乐、购物、吃饭、学习、社交和接收新信息等各种需求。我们正在通过互联网探索整个世界。某种程度上，我们正在被动地去接受，去消费。

上班的路上，我们会看看新闻，刷刷朋友圈。当阶段性处理完上午的紧张工作，我们很难再花心思想今天午饭吃什么。而是打开"饿了么"或者"美团外卖"应用，看看今日的推送或者特价活动，点一份看起来还不错的外卖，然后继续下午的工作。晚上临睡前看看小视频，逛逛淘宝。现在，我们不用再刻意找寻什么，而是有大量的信息扑面而来，填满了我们的时间。

我们经常可以听到碎片化时代、大数据、消费升级、自媒体时代和网红经济等新名词。来自世界各地的品牌商、团队，甚至是个人自媒体，都在提供各式各样的线上内容，满足人们的各种需求。他们希望我们去阅读内容，购买产品或者服务。但是内容呈现的水准不一，导致提供者和浏览者的关系是非常脆弱的。人们的时间是有限的，关注的内容也是有限的。我们每天都在想方设法地争夺客户的眼球。如何在海量产品和信息中脱颖而出？视觉呈现的能力是你必备的条件之一。

注：这里所说的视觉呈现不再是单一的照片、海报、短视频、Logo 或产品包装，而是一切围绕产品，发布在互联网上的视觉呈现。

THE CONSUMPTION BEFORE E-COMMERCE EXPLOSION
回顾互联网大爆发之前的消费

得益于近几年移动互联网的全面崛起，大数据、物联网、智能化和移动端支付等技术的应用日益成熟，我们的消费行为彻底被颠覆了。

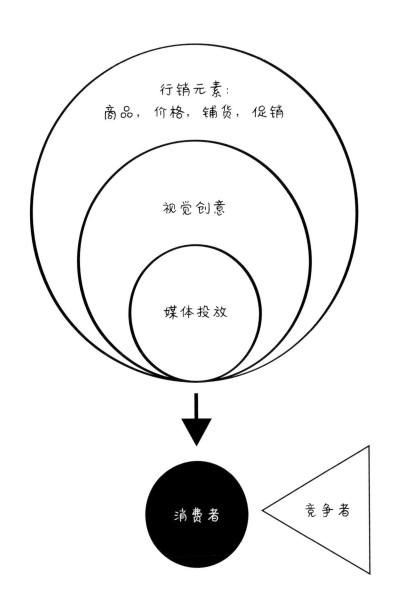

行销元素：
商品，价格，铺货，促销

视觉创意

媒体投放

消费者

竞争者

3 年前的消费行为是这样的。

❶ 需求优先。首先消费者在生活中产生一个需求，希望被满足。

❷ 搜索。搜索可选择参考的产品。

❸ 对比搜集的产品信息，从中再选出一个想买的品牌。

❹ 选定购买产品，并实际交易购买。

❺ 开始使用，并评价商品或者服务是否符合当初的期望。

❻ 使用的产品或者服务，产生对品牌的认知。体验好，留下，有复购的可能；体验不好，直接放弃，不再选购。

在上述消费行为中，第 2 步、第 3 步、第 4 步涉及的视觉对我们的决策是有影响的。

但是，现在连冰箱都联网了，可以自动下单补给生活所需了，牛奶喝完了，冰箱可以智能监测到，直接下单买好。现在我们消费，很多时候不再是需求导向了，而让我们消费的更多是因为被一个理念、一个兴趣或者一种生活方式打动，引起共鸣。

THE ERA OF PERSONAL MEDIA
随着移动互联网的应用，第 2 个崛起的是个人化时代

每个人都是一个媒体。在我们不自知的情况下，每个人都在产生和传播内容。我们很少再去某个品牌的官方网站了解品牌动向和产品信息，而是在各式各样的社交媒体上，被后台数据或者我们已经关注的账号自动将信息推送给我们。我们不再需要去搜索，根据我们的个性标签，匹配的产品和品牌，大数据会自动"找到"我们，使内容出现在我们的眼前。社交媒体从根本上改变了游戏的规则，每个人都是一个媒体。

现在的消费方式变得越来越简化，越来越趋向于：
❶ 看到产品，引起兴趣；
❷ 阅读了解，产生共鸣；
❸ 进行购买。

所以产品本身好不好，是不是符合个人的审美和生活理念，是个人消费考虑的重要因素之一。在互联网上，能更好地体现其价值的方法就是通过视觉设计。

很多人通过一张张自拍照片，场景化地营造出某种生活方式，吸引以相同生活方式为目标的粉丝，然后推出符合其生活方式和审美的产品，吸引人们购买。

所以是否能用场景化的视觉营造出产品的理念和价值是引起浏览者参与的关键。这就是前面提到的，想要让消费者买单，从产品一"出生"，围绕它的所有视觉都非常重要。

大众的审美在提升，商业必然要重视视觉。

THE ERA OF MEGA DATA
互联网发展下，第 3 个改变是大数据时代

我们与互联网产生越多接触，就会留下越多的数据。如果我们可以通过高性价比和创新的流程处理工具利用它，就可以帮助我们定位潜在用户，可以提升企业做市场决策的精准度。商业视觉也不例外，当我们想让销售额或者转化率提升的时候，大数据分析可以帮我们把信息和产品用更恰当的方式精准地展现在消费者面前。

所以设计师要琢磨数据。第 4 章我们会讲解电子商务中的数据对视觉设计的影响。

大数据对在线消费行业的作用有以下几点。

细分市场：

我们的在线消费、浏览、购物和社交互动等行为都会产生非常细节化的数据。不同的工具可以快速处理出我们所关注的细分市场。比如，你在"阿里"体系的商品销售渠道里，给孩子买了一个尿不湿，等我们再打开销售平台的页面时，就会被推送婴儿玩具或者奶粉等母婴类目产品。

销售推荐：

我们完成一单交易所产生的数据会被系统抓取、分析。在很多其他购物者也有相似订单信息时，产生的信息数据越多，系统就越容易精准地分析出类似订单完成者和其他购买商品的关系。我们在浏览一本书的商品信息时，经常会看到平台推送的商品组合，这个组合中的商品就是系统抓取、分析买此书的所有消费者还买过的最多的商品。

店内分析：

分析消费者的点击、购买、分享、阅读时长和翻页次数等行为数据，可以帮助商家结合商品的库存和转化率，优化产品货架和产品展现次序。例如，在电商"双十一"大促当天，每分钟的流量都十分金贵，我们就可以结合 IPV 价值、可用库存和转化率，决定哪些商品需要通过增加流量来提升销售额，哪些商品需要通过撤流量来避免浪费展示位。

FLAT ERA
互联网发展下，第 4 个改变是扁平化时代的到来

以前我们听得最多的是扁平化设计，它是指去除厚重、复杂的装饰效果，而极简化表现核心内容。比如，苹果公司的视觉设计就符合这些特点。

其实这种设计表现只是新时代来临前的预告。真正的扁平化时代是人们获取信息的成本越来越低，信息也越来越国际化、多元化。信息、价格、渠道和技术都趋于透明，产品必须真的好，才会被消费者认可，不再是"低价""爆款"的时代。每个消费者都有态度、个性和喜好，只要你的产品跟他们产生了共鸣，就会被消费。本书会从多个角度出发，告诉你如何更有效地打造互联网商务视觉作品。

iMac Pro
Available now.

VISION IS THE FIRST
人有五感，视觉为先

"有着同样价格、功能和品质的两件产品，将靠外观是否具有吸引力来一决胜负。"

"between two products equal in price, function and quality , the one with the most attractive exterior will win."

—Raymond Loewy

在互联网上，我们在购买任何产品前都无法闻到、摸到和尝到它，所以互联网视觉设计要营造和表达的是生活情景、风格与品位。设计是商业沟通的利器，并对展现产品的自身价值起到关键作用，因此设计必须与策略、营销相互辅助。

我们要明确，**好的设计中，视觉本身帮我们讲出了故事，并展现了自我。**这句话很容易理解，但做起来很难。唯有真正了解商业运作机制，才能设计出好的视觉作品。我们先拆分理解下。

帮谁？	讲出了什么故事？	展现的自我是什么？
产品品牌	产品给客户带来的利益和价值	产品的特点、功能和优势

Advertising Agency: mcgarrybowen,Shanghai, China

Chief Executive Officer: Simone Tam

Chief Creative Officer: Jeffry Gamble

Group Creative Director: Danny Li

Copywriters: Sihan Jin, Shireen Zhou, Evan Zhao

Art Directors: Bingo Xu, Lucky Guo, Adam Yang, Roc Huang

Designer: Huangzong Duan

Photographer / Illustrator: Illusion / Bangkok

Account Service: Carol Ma, Twinkle Lin

帮谁？	讲出了什么故事？	展现的自我是什么？
汤达人方便面	味美、营养价值高的面	特点是拥有高汤浓缩技术

Advertising Agency: Pierre-Philippe Sardon

帮谁?	讲出了什么故事?	展现的自我是什么?
meccano儿童拼接益智玩具	发挥想象力，体验自己动手创作的快乐	特点是益智，激发想象力，做工精细

很多设计工作者往往只钻研设计的美学与艺术性，忽略了研究产品的商业化和消费性。我曾经给过一个天猫牛排商家做过视觉咨询辅导。当时他们给我看了一套即将上"聚划算"活动的推广图，但图片上连最基本的活动促销力度和活动时间的信息都没有，很难想象设计师竟然对商业运作不敏感到这种程度。

Raymond 设计理念：最美的线条就是上扬的销售曲线。

我非常赞同，在工作中也一直追随这一理念。

Raymond Loewy（1893~1986），他曾为知名杂志《Vogue》《Harper's Bazzar》《Vanity Fair》等，以及百货时尚公司进行时尚及形象的设计。1929 年起他跨界工业设计，1949 年登上美国《Time》10 月的周刊封面。被誉为美国工业设计之父的 Loewy，一生担任过 200 多家公司的设计顾问，设计超过 5000 件产品，设计的对象从形象标志、包装、文具和家用电器到汽车、火车头和太空船。

1934 年，Loewy 帮 Sears Roebuck 公司重新设计改款的冰箱 Coldspot，上市后年销售量由改款前的 6 万台暴增到 27.5 万台，验证了设计确实可以提升商业价值。

希望你能带着对商业的渴望去了解设计。好的设计师不会只关注设计，他们会有强烈的"企图心"去探索设计背后的商业逻辑。

CHAPTER 2
灵感创意的由来

做任何事情都是从想法开始的。在设计师这里，想法更多被统称为灵感创意。经常有年轻设计师问我，你的设计灵感从哪儿来？如果我跟你说从旅游中来，从看电影中来，请不要相信！别傻了，那都是资深设计师惯用的套话。我们不是艺术家，不是随随便便就会有灵感的。要有客户，有问题，并且解决问题，才会有"灵感"。这不再是灵感，而是设计解决方案。

INSPIRATION FOR DESIGN SOLUTION
设计师的灵感是解决问题

只有在你坐下来，好好研究问题，跟客户深刻沟通，帮助他们捋清需求，灵感才慢慢浮现。把整个过程中的所有的点结合在一起组成一张图。

不同于艺术家或者插画师，设计师的工作就是帮助客户找到产品与其他产品的差异，从而用适合的场景化表现形式契合潜在消费者的认知。

从设计师接触客户开始，设计的整个过程会经历3个阶段。我们常说的灵感创意只是第1个阶段而已。设计中的每一步都没有那么容易，都需要不断地提升我们的综合素质，积累经验，才能更顺利地完成。

第1阶段，跟客户沟通，明确客户的目标和期望，找到解决的办法。

第2阶段，做设计。

第3阶段，说服客户。

我们碰到的大多数客户可能没有明确需求，也可能目前客户的设计真的很糟糕。其实，这两种情况有一个共性：就是缺乏规划和梳理。我们的设计过程中的第1个阶段就是帮助客户找到商业规划，捋清思路，明确需求。我知道，这对大部分设计师来说是不容易的事情，因为这不仅要求我们具备设计知识，还要求我们有商业触角和市场行销的意识。

现在，我们知道创意不是无中生有的，而是要以商业目的为轴心，找出方向。可是对于作为设计师的我们来说怎么才能了解项目的商业目的，让我们的设计成果更有意义，富有生命，而不是华而不实的作品呢？我会在这个章节里告诉你怎样去找灵感，希望给你工作的启发，去探索设计背后的商业逻辑。

COMMUNICATION WITH CLIENT
与客户沟通

带着问题的沟通，可以让你更有效率地了解客户的目标和期望。

因此，先要和客户深入沟通，激发他们说出下面几个方向的规划，从中梳理出真实需求。

❶ 背景资料分析：包括品牌历史、市场规模和产品的生命周期等。

❷ 设计目标：商品的营销目标、销售目标、促销活动和新商品上市计划等。

❸ 媒体的规划：包括传播方式和重复条件。

❹ 消费者：消费者对此品类的惯有印象和使用习惯，以及消费者的特性、生活风格和人物画像。

❺ 产品特点。

❻ 竞争品牌状况。

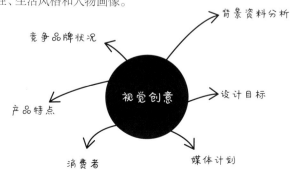

1. 背景资料分析

我们做任何项目之初都要对所服务的品牌有深入的了解，比如品牌的发展回顾、品牌在市场的影响力和品牌形象等；其次就是了解市场状况。

在市场状况中主要了解两个因素：产品品牌的市场规模和产品目前所处的生命周期。

（1）产品所属的品类目前的市场占有率是多少？

品类市场 C：品类的消费量。

品牌 A：本品牌的消费量。

A/C 的比率就是本品牌的市场占有率，如图所示。

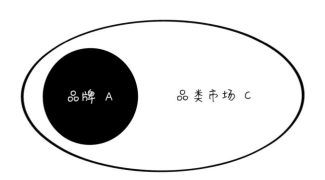

当本品牌产品为该品类市场占有率的领头羊时，消费增长的主要来源是品类的消费扩张。除了巩固既有的本品牌和本品类消费人群外，还要吸引替代性的其他品类的消费人群。这样一来，品类消费量增长后，连带着本品牌的消费量也会增长。例如，某品牌的凉茶已经占有凉茶品类的大部分市场时，其品牌产品的消费增长将主要来自当前不喝凉茶的消费者，可能是碳酸饮料或者罐装咖啡饮料的消费群体。

当本品牌在该品类市场占有率有限时，它的消费增长主要来源于竞争品牌的消费群体。

所以当我们了解品牌的市场形势时，有助于我们对潜在消费人群进行进一步调研。

（2）产品生命周期

产品在市场上可以分为导入期、成长期、成熟期和衰退期 4 个阶段。

只有搞明白推广时产品所处的生命阶段，才能更好地策划广告的目的、涵盖的内容，以及设计的表达形式。

例如，如果你做羽绒服产品，就必须知道它的生命周期。9 月末和 10 月属于羽绒服产品宣传的导入期，11 月初进入成长期，11 月和 12 月属于成熟期，1 月开始属于衰退期。所以在不同的月份做羽绒服推广时要有不同的目标策略。在导入期，主要以引导消费者为目标，在策略上不是要让消费者立即购买，而是要提高消费者对产品的理解和品牌的认知。不同阶段，我们采用的推广渠道也有不同的侧重点，在导入期我们可以多通过内容渠道去传递信息。不同渠道的选择，也决定了设计的表达形式和画面的繁复程度等。与此相关的讲解在后面的章节会有分析。

我们进一步了解 4 个生命阶段的不同影响。

❶ 导入期：当一个产品品类刚刚在市场上出现时，一般消费者对于新品类的需求度较低。此时的市场环境特点是消费低，品牌少，竞争低。

❷ 成长期：进入品类成长期后，竞争品牌会增加，也会促进品类的市场扩张和消费者认知的普及。在市场竞争加剧的情况下，品牌应该努力找出自身的差异点来吸引消费者。

❸ 成熟期：品类市场已经发展得很成熟了，整个品类市场的新消费者增长已经放缓，从品类

的竞争进入到纯品牌之间的竞争。竞争的激烈和品类的成熟，使得市场不断地被细化，品牌商将产品不断细分为多个价位和规格，以满足更多的消费人群。

❹ 衰退期：当整个品类市场相当饱和时，品类的使用者呈不增反退的趋势。此时，考验品牌商的重点是怎样把该产品已有的消费人群转化到新的品类上。

产品在不同的市场形势和生命阶段有着不同的商业目标，目标受众人群也有差异性。设计师只有在更加全面了解的情况下，才能让设计更好地辅助产品达成目标。

2. 设计目标

无论是 Logo 设计、产品设计，还是包装设计、广告设计，每种设计的背后都有一个商业目标，这个目标可能是长期的，也可能是短期的。比如促销活动推广设计中，销售目标就是短期目标，而品牌远景和影响，以及品牌形象沉淀等属于长期目标。

3. 媒体计划

这也牵扯到媒体曝光计划，以及其中各项细节的优先顺序。比如，何时推出？主要影响的人群是谁？想要达到的目的是什么？

媒体指的是推广承载的媒介，如户外广告、数字媒体、报刊杂志、印刷物和视频等都是媒体。因为不同媒体的传播特点存在差异，所以它们可承载的创意内容和表现形式都有差异。设计师在具体工作时，需要把这些因素都考虑全面。比如，户外媒体对复杂内容的承载能力有限，我们经常看到公交车站牌或者公路广告牌上的广告设计都比较简洁、明了，大多都是单一关键点的推广。因为户外媒体的受众人群处在忙碌的穿梭中，能给到广告的接触时间也就零点几秒，所以我们需要在转瞬即逝的时间里快速传达最重要的关键点。

4. 消费者

在这个信息爆炸的时代，我们在做任何设计时都不能再宽泛地定义目标消费人群。我们必须根据上述条件，全面思考细分受众人群。在受众人群中还要清楚谁是购买者，谁是使用者，在不同的品类中，这两个角色不一定是相同的人群，所以在项目设计前必须搞清楚你真正要影响的人是谁。比如，婴儿产品的使用者是婴幼儿，而购买者多是年轻的母亲，所以在设计用色上需要以吸引年轻的女性为主，而不是婴幼儿。在大数据的影响下，我们推广的受众人群已经被细化为新消费者、老客户、某个特定竞争品的消费者等。这些消费者的特性、生活风格，个性偏好，以及已有的品类印象和使用习惯等都需要继续调研、捕捉。

5. 产品特点

在跟客户沟通时，要取得对方的信任，挖掘产品最真实的 SWOT。

S 的英文全词为 Strength，中文释义为优点。

W 的英文全词为 Weakness，中文释义为弱点。

O 的英文全词为 Opportunity，中文释义为机会。

T 的英文全词为 Threat，中文释义为风险。

优点，产品本身的特点。与竞争品牌产品相比其具有优势的地方，要清楚这些优点对消费者产生什么意义。

弱点，与竞争品相比，不如对方的地方。

机会，通过市场环境，竞争品牌的弱点提供给本品牌可以加以利用增强销售和建立品牌形象的机会。

风险，产品的某个容易产生消费者误差的特点，而对销售或者品牌形象带来伤害的风险。比如染色后的棉麻衬衣，产品照片上看不出面料属性，潜在消费者会误认为面料厚实，不宜在春夏季穿着，从而影响春夏季节的销量。如果我们事先了解产品的风险点，就可以在设计上主动体现面料属性，如棉麻面料，舒适透气，以降低潜在消费者对此的担心。

6. 竞争品牌状况

产品在零售价格上属于高价位、中价位，还是低价位？在不同价位中的品牌产品有哪些？在相似价位中的竞争品有哪些？了解每个品牌的宣传点和表现形式是至关重要的。第一，可以帮助设计师快速了解品类的消费者兴趣和品类的特点；第二，可以从不同价位的品牌产品中了解优势和弱势，从而寻找到本品牌产品最适合传播的差异点；第三，现在是消费升级的时代，最简单的理解就是用 200 元的价位去享受 500 元价位的服务或者产品，所以在视觉呈现上，高价位的竞品设计可以是设计时的一个参考目标。

那么我们在跟客户交流沟通时，怎样才能了解与项目有关的信息呢？我的建议是直接问客户。就像看病一样，医生直接问病人哪里不舒服，什么感受，持续多久了，不需要花里胡哨的沟通技巧。

作为设计师可以用这段话作为开场白："为了让我们站在同一个战线上，建立一个有效的视觉解决方案，我需要先了解你的业务和明确你此次项目设计的目标和期望。能给我多讲一下你们的业务吗？为什么这次要做这个设计？为什么要重新设计？"

"星巴克 VIA"案例分析

在产品推出时，产品处在行业的不同生命周期对于推广的商业视觉也会有不同的侧重点。比如 2009 年当星巴克要推出新产品 VIA 时，市面上的速溶咖啡产品已经层出不穷，所以找到视觉差异化，并保持品牌的一致性是设计的方向。虽然产品的包装设计并不是决定产品销量的关键，但是如果设计不当，就很有可能将新的产品扼杀在摇篮中。霍华德，星巴克的前任 CEO，当然知道视觉设计对产品的重要性。这也是他在临近 VIA 产品上市发售前，临时叫停并重新设计产品包装的原因。长期以来星巴克都以手调优质咖啡为主，而新产品是速溶咖啡。尽管这个新产品注入了星巴克很多的心血来保证它的口味、原料和品质都是非常优质且用心的，可它对星巴克的顾客来说还是太陌生了。市场上人们对速溶咖啡品类有快速、劣质的印象，很难让星巴克的顾客们相信它，尝试它。因此 VIA 的外观设计必须让人一下子联想到星巴克的产品，但是又要有所创新。

但是当时的设计无法达到这个要求。于是霍华德决定即使会打乱预定的上市日期，也要重新设计。通过新的设计，外观视觉终于把 VIA 与星巴克一贯的优质咖啡的特色联系在一起。在 VIA 咖啡的盒子正面印有一个轮廓鲜明的星巴克咖啡杯的剪影。在剪影上是每个白色星巴克咖啡杯上都有的复选框，通常咖啡师使用这些方框标记顾客对咖啡的喜好，比如低咖啡因、加糖浆、加牛奶。杯子和复选框的形象设计参照了星巴克店内的经验和公司的传统，同时也体现了新产品的质量，即精细而简单，精致却质朴，完全真实。

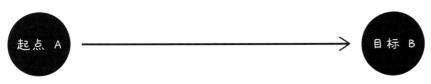

起点 A —————————→ 目标 B

市场上速溶咖啡品类固有劣质咖啡的印象

✳ 外观设计联想到星巴克的产品
✳ 但是又要有所创新

星巴克 VIA 产品精细而简单，精致却质朴，完全真实

DESIGN RESEARCH
设计调研

如果把项目现有的状况设置为 A，把客户的目标和期望设置为 B，那么 A 到 B 之间的距离就是设计师需要去填补和解决的。

现在，通过沟通会议你已知道客户的目标和期望，但是不要在此次会议中给客户做任何关于设计上的定论，尽管有经验的你可能已经有了设计方向。你要带着客户的所有信息、故事和数据回去，好好研究和展开相关调研，为下次的预审提案好好做准备。

预审提案前，以客户的商业目标和期望为前提，展开的研究和调研主要集中在竞争品分析和目标消费者研究上。上一章节中，我们已经理解根据短期或者长期的商业目标，以及品牌调性等商业营销因素来细分我们的项目人群，这个人群应该是一个有侧重点的细小、精准人群。在网络消费时代，不能只设置 20~25 岁、男性、收入中等这样宽泛的人群设定，这对在线消费的运营决策已经毫无意义，目标人群可以是任何人，可以喜欢任何事，就好比你撒了一张很大的网，但是网眼太大，虽然你感觉网覆盖的面积很大，但是有可能一条鱼也网不上来。

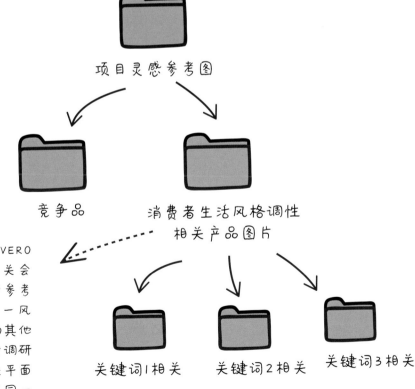

项目灵感参考图

竞争品　　消费者生活风格调性
　　　　　相关产品图片

比如我们在做 VERO MODA 女装品牌相关会员卡设计时，就会参考目标消费者在同一风格、调性上使用的其他品类品牌。例如会调研奔驰 E 系汽车相关平面设计，不会局限在同一品类竞争品牌。

关键词1相关　　关键词2相关　　关键词3相关

是时候收集预审提案的所有展示图了。你可以开始建立一个文件夹和不同的子文件夹，用以归纳你所有的研究和想法。这个阶段是大而全的阶段，应把所有有关的图片、照片、好的短句和图表等都分门别类地放进所属文件夹内。我们会观察别人的设计稿做什么，以怎样的设计风格为表现形式，以及遵循怎样的设计规范，从而联想到自己如何做才符合同一批细分人群的喜好。

"看"不等于"看到"

在找灵感图时，很多设计师都会犯一个错误，就是过于视觉导向。我们不能只用眼睛粗略地观看图片，也切勿因个人喜好而判断设计的好坏，一定要理解设计里所表达的诉求点。

比如，在做竞争品分析时，如我们上述章节所提到的要以不同价位逐一调研。在研究竞争品的广告图时，既要注重竞争者的广告信息内容，了解竞争品的诉求点，又要留意创意主题上的表现形式和风格（如插画形式等）。这有助于我们在设计表现主题上找到突破点。

前面的沟通都是为了让你找到项目的细分潜在消费人群，然后在这个阶段去了解消费人群的喜好、生活态度和她们的品位。然后通过了解目标消费群体，你需要定一个主旋律，它将是你设计的基调，将影响你场景化展现出客户目标诉求的决策。这个主旋律需要用 3 个关键词来表达。在你第一次的预审提案时，让你的客户清楚地了解此次设计的基调。

当然，也要对这 3 个关键词展开信息收集工作。比如优雅，那么你的目标消费人群对于优雅是怎样定义的？他（她）们开什么型号的车？喝什么牌子的酒？穿什么品牌的衣服？听谁的音乐？看什么类型的电影？等等。然后看这些品牌、音乐和电影的包装和海报设计，研究其中设计的语言，这些都可以帮助你找到专属于他（她）们的"优雅"一词的画面感诠释。

ORGANIZE AND PLANNING
整理与规划

从整理开始，锻炼设计能力。

整理就是筛选必要素材的工作。如果素材不减少，就不能让接下来的设计和思路阐述工作聚焦。也就是说，要重新检验收集的素材与我们后续设计的关系。

整理是一件需要设计综合能力的工作，是设计知识（扎实的设计规范功底）、经验（对于所在项目行业迅速学习、了解的能力和项目把控经验）、实践（设计项目实战的积累）三位一体的工作。

整理的重点：用不着的参考图一律不放在故事板里。
对前期搜集的每一张参考图都要问这两个问题：
❶ 它适合这个项目吗？
❷ 它可以帮助表达哪个元素的参考？

罗马不是一天建成的。在我做演讲时，经常有设计专业刚毕业的学生问我，进什么样的公司比较好？其实不管是传统行业还是与互联网有关的公司，一定是要有专业设计部门的公司，也就是由设计专业出身的设计经理／总监为部门领导的公司。因为真正工作中，专业设计人士的引导和指导是让你快速、全方位提升的关键。不要因薪资等愚蠢的原因而放弃提升专业能力的机会。

1. 故事板

现在你已经有了设计规划。在跟客户和团队沟通时一定要采用可视化沟通的形式。如果你的关键词是大胆、性感、圆滑、优雅、明亮和时髦等，这些词是非常主观的，它们可以以任何方式来诠释。我们需要做的是给客户画面感。最简单的例子，我说的设计主调所用的绿色可能跟你现在脑海中想象的绿色不是一种绿。**所以，我们需要故事板，它就是设计规划的可视化地图。**

当你有一个故事板时，你可以向客户和设计团队展示你的想法是如何被映射出来的，以及它的展现方法，这可以让其他人更容易理解你的想法，使后续设计过程更容易。当然除了传统的故事板，你也可以用电脑幻灯片（例如 PPT）来做展示。

故事板的第二个好处就是节省时间。

虽然可能需要一段时间才能将故事板的所有素材放在一起，但从长远来看，这会节省你后期修改的时间。这也可以避免你投入大量的时间做方向错误的设计。

故事板不仅可以帮助你向客户和团队揭示你的设计基调，还可以使设计创建过程更加顺利。

2. 怎样创建故事板

这一步的目的是过滤，做减法。把你上一步整理的素材图片都重新审视一遍，过滤掉那些与我们的设计基调和规划不相干的素材，你就有了一个清晰的方向。总之，在故事板中的每一张图都要有存在的意义，因为你会通过每一张图片细细讲解设计的规划。在这一步，不要害怕重新开始。创建故事板的过程通常会帮助你再次理清思路，并为你找到设计基调，提供新的和更好的想法。

在预审提案时，故事板由两个部分组成：竞争品素材、与由 3 个关键词展开的消费者图谱相关的设计借鉴素材。

在预审提案时，你可以没有真正的设计稿，但是要给客户诠释一个完整的设计规划，包括基调画面和表现形式。要提供足够的视觉细节诠释每个关键词的设计元素，比如更能表现"大胆"这个词的线条是粗线还是细线？比如背景图片中的模特姿势是什么样？背景颜色是什么？什么字体能表现"现代"这个词？等等。所以，每一张图片旁边都要有设计方向的注释。如果你是项目的设计负责人，你需要将它们牢记心里。

图片	标注+分析	目的
竞争品牌分析	❶ 视觉表现的优势有哪些 ❷ 视觉表现的劣势有哪些 ❸ 表现共性有哪些 ❹ 我们可以从哪里入手做差异化	我们可以从哪里入手做差异化
关键词相关消费者喜好	参考的是字体、色系，还是排版？	设计参考

比如，我们设计 ONLY 的官方
APP 时，这是故事板中关于设计
参考的图片。我们会在图片上标
注有参考价值的设计点

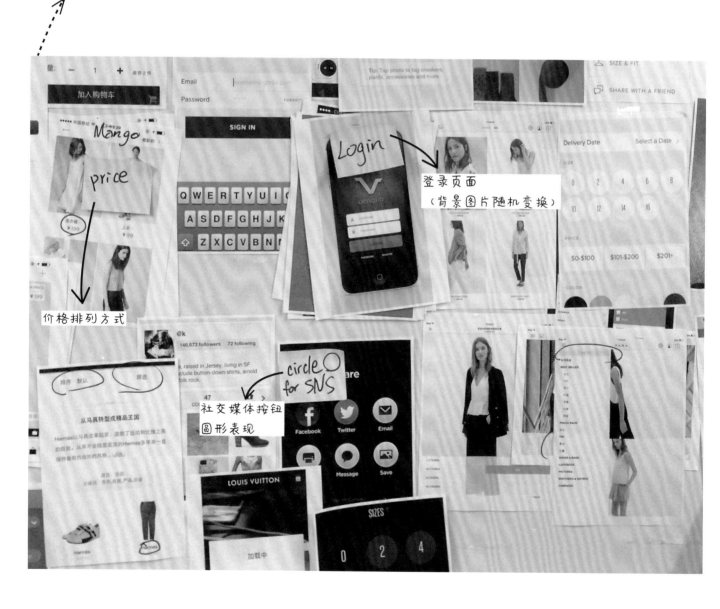

　　用故事板辅助做预审提案，也是跟客户再次确认项目的商业目标和设计规划是否符合一致的过程。如果得到客户的认同，那么恭喜你，可以开始设计了。如果你的设计方向与客户的目的和期盼有出入，那么没有关系，继续沟通，调整方案。

　　同样，故事板的第 2 个重要目的就是为了避免投入大量的时间做方向错误的设计。通常故事板已经向客户展现了设计师的认真和严谨程度，即使在设计基调和商业目标上有出入，也是有限的，后续的工作会更加容易展开。

　　设计规划就是基于前面我们所讲的工作的汇总，然后全面阐述从视觉设计的角度怎样达到商业目标，如下图中的"目标 B"。注意，设计规划需要涵盖以下内容。

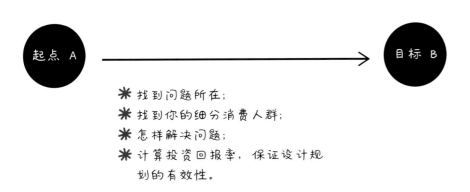

在设计规划中，计算投资回报率这一项尤为重要，需要了解人力、财力和时间的成本和限制，计算投资回报率，保证设计规划的可实施性。我们经常受限于系统局限、项目时间和预算金额，不得不一再地调整设计方案。这些都是实际工作中的问题，而提供这些问题的解决方案是我们设计工作的一部分。好在互联网的商业行为不是一锤子买卖，是需要不断地投资、投资、再投资，是可持续的商业运作模式。所以，"先有后优"[1] 是我们互联网人的快速应对手段。在不同阶段，我们会根据相应数据、消费者反馈不断地优化、升级设计规划。

　　例如，在邻近 2012 年"双十一"的前夕，根据大促销售计划中的预估客件数（平均每个完成付款的订单会有几件商品），我们需要给旗下 4 个品牌中的每个品牌定制 5 个不同尺寸的盒子，用于不同订单客件数的快递包装。可是受限于盒子生产周期太长，在大促来临前没有预留出足够的时间进行设计，所以我们在设计方面只能实行"先有后优"的计划。在盒子的设计上采用黑色的底色，上面有烫金的 Logo。在兼顾品牌基本调性和"双十一"发货期可能遭遇天气恶劣的环境下，最大限度保证快递盒收货时的品质。这是一个短期过渡的设计解决方案，等"双十一"过后，根据客户的反馈，我们进行了相应的设计优化。

1."先有后优"是在前期还未有任何关键数据或反馈之前，不过度花费时间做设计。目的是不把时间浪费在假设的用户需求上，打磨无关紧要的细枝末节，而影响项目效率，加大投资风险。从"有"到"优"的过程是得到数据反馈后的再优化。这个过程可以保证我们更快速地实现想法，而一旦方向有误，也不会错得太远，可以及时修正，降低前期投入的风险。

当"双十一"结束后，我们重新启动了品牌快递盒包装设计的项目。从消费者反馈来看，很多人在收到货后，都有拍照片在网上发评论的喜好。我们何不利用这一特点，也许快递盒本身就是一个品牌和产品的宣传媒介。每一个收到快递包裹的人都是一个已经交易过的老客户，让老客户从收到包裹时就能感受到品牌最新季度时装的流行趋势，可以再一次刺激他们的二次消费或者深化对品牌本季度的时尚认知，这是一个再好不过的机会。于是，我们带着这个目的去做了后续一系列的调研、整理、规划和 Demo 设计。经过了第二版本的优化设计和测试结果，我们把它定制成了一个规范，每个季度的快递盒都会以当季的品牌时装海报作为主视觉来更新一次包装设计。

✔ 一年 4 次快递盒更新，操作起来成本极低，因为每个季度各品牌本身就会提前拍摄时装海报画册，用于线下和线上市场投放。

✔ 将线上购买后的快递包裹为传播媒介，时尚形象的投放更精准。比起线下店铺收银台上陈列的时尚画册，宣传可辐射的范围更广。

✔ 在选图上，需要注意模特展现的时尚单品必须是当季主推品类，最好是线上主推款，这样可以提升线上交易的转化率。

做线上消费商业时要充分利用好每一个跟消费者接触的机会，不断地做产品展现。单以快递盒为例，多一次的品牌调性展现就多一次可以占据消费者认知的机会，比起"高端、大气、上档次"的纯 Logo 设计要有意义得多。前面我们提到过互联网社交媒体的力量，如果消费者收到快递后发朋友圈和微博，就又一次扩大了我们的产品和品牌的展现。

最终当季采用版本

轻奢绅士向往的生活品质:
佩戴劳力士 DEEP SEA 手
表，开保时捷跑车。

轻奢绅士不喝威士忌。
我们从威士忌的设计形式上得出结论，
避免使用重的设计元素，比如粗的线
条元素、大的色块，而是可以采用细
线条装饰 Logo，或者裸放 Logo 排版。

轻奢绅士代表人物:
Justin Timberlake

以 SELECTED 为例，其中一个关键词是:
轻奢绅士。
这个是我们的关于此关键词的故事板。

当时我们设计了 3 个可选 Demo，比较
过后这两个是舍掉的稿件。

Option 1

平面上造成十字交叉点，而引起视觉
聚焦，可是无任何重要信息的存在，
所以形成误导聚焦。应在设计上避免。

Option 2

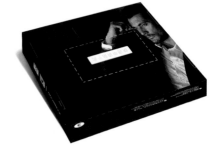

女模特的腿部形成分散注意力的元素，
使整个画面很乱。如果没有腿部或者
弱化腿部信息，就可以加强画面的平
衡感，即 Logo 和男模特眼神的张力可
以形成非对称平衡。

CHAPTER 3
视觉世界的基本法则

设计基础知识是我们想跳也跳不过的环节，它会沉淀在你的大脑里、眼睛里、审美里，潜移默化地持续影响你的设计工作和视觉呈现结果。

DESIGN FOUNDATION
磨刀不误砍柴工

2013 年我加入绫致，当时我所带领的设计创意团队共有 9 人，我们负责 ONLY、VERO MODA、JACK JONES 和 SELECTED 等 4 个品牌的所有线上渠道的视觉设计，包括天猫店铺、京东店铺和银泰商城等平台。

众所周知，线上销售都逃不开"双十一"。2013 年 11 月 11 日，我们 4 个品牌的线上销售额破了 3 亿元。当时整个部门都非常振奋。但是，我们知道还有很大的空间可以做得更好。于是，"双十一"之后，我们开始部署明年的工作计划。由于业务需求，我需要新建一个设计团队来支持我们所有货品的多渠道上新工作，确保每个产品详情页都能尽可能多地展现商品优势，同时又能保持品牌调性。

在招募新团队之前，我把整个业务流都梳理了一遍，大致总结出新团队设计师需要的工作范围是：按照图片裁切的标准裁图；按照设计好的模版把图片和编辑提供的文案合成产品详情页；Photoshop 切图，然后整理简单的代码发布到所有平台店铺的后台。由于工作内容非常明确，有模版可以保证设计结果，代码环节只需几天培训即可上手，因此我跟 HR 提的招聘专业需求是设计艺术类大学毕业，初级设计师即可。很快人力资源部就招满了 29 个初级设计师。

起初的工作进展得非常顺利。我带领着资深的设计师跟销售运营人员和产品经理梳理需求，制定产品详情页的模版，与不同部门的工作对接流程，准备培训手册，等等。总之新业务的一切准备环节都已经完毕。对于新进设计师，我们展开了 1 周的培训工作，这其中包括基础代码的培训、模版的使用培训、裁图的规则、平台后台的输入和工作的对接方式等。我认为新的业务对设计系毕业的初级设计师来说并不难，而且都有模版，可以照着做，设计师应该能很快上手。

但显然我有点儿过于乐观了。在新业务试运营期过后，第一次全线产品需要设计师独立"上新"后的第二天，我被无数的对接部门的同事"攻击"了。品牌经理、店铺运营人员、编辑等纷纷开始找我抱怨产品详情页面上的错误。那一天我连上厕所的时候，都有编辑堵在门外跟我说裁图角度太丑，画面太奇怪。我深受打击，甚至有点崩溃。团队只能加班，我一个页面一个页面地看，设计师一张图一张图地改。这个情况持续了将近一周，那一周只要有人从我的座位走过，我都害怕是来抱怨页面错误的。我的情绪一直是紧绷的，以至于我的其他工作都受了影响。最后，我不得不找当时的电商总监张一星沟通，想办法。他鼓励我："冷静，别焦躁。我让各品牌出 1 个人，产品发布前跟你一起排查页面问题，让整个新设计团队放慢脚步。只要跨过这次危机，你就能更上一个台阶，带 100 人的团队了。" 我开始调整自己的状态，总结团队常出的问题，对于页面输入性错误进行很好的纠正。经过几次沟通，让大家必须养成完成后复查的习惯，随之问题就避免了。但是很多图片裁切和页面构图不合理和丑的问题，一而再，再而三地出现。我观察出这些问题是因为设计师的基础设计知识的缺失和审美素养不高所导致的。我只能从头开始培训团队。

空间　　　　统一　　　　点线面　　　　平衡　　　　比例　　　　色彩　　　　层次

马克·吐温曾经说过：It ain't what you don't know that gets you into trouble. It's what you know for sure that just ain't so.大致意思就是：这不是你所不知道的会让你陷入麻烦，而是你一直坚信的却没有按照你料想的发展。新团队招募前我抱有希望，认为大学设计艺术系毕业生应该对设计的基本要素和常识有较强的认知能力。我问了团队一个简单的问题：你最喜欢的有衬线字体是什么？回答是让我失望的，竟然90%的设计师都不知道有衬线字体和无有衬线字体的区别。所以，我下定决心让团队停下脚步，恶补设计知识，提高素养。团队分为两组，每组每天抽出2~3个小时暂停工作，轮流由我亲自培训他们设计基础知识，从空间、平衡和统一等7要素学起。当然我每天也需要花费更多的时间去准备培训材料。将近一个半月的学习调整，页面问题越来越少了，大家工作起来也越来越有自信了，我也不受那些抱怨声环绕了。现在他们当中有人升职为资深设计师，有人去了京东当设计组长，也有人去了聚美优品等其他品牌当了设计经理。

设计基础知识是我们当设计师的人想跳也跳不过的环节，它会沉淀在你的大脑里、眼睛里、审美里，潜移默化地持续影响你的设计工作和视觉呈现结果。中国有句古话"磨刀不误砍柴工。"，只有把基础打牢固了，工作才能做得又快又稳。后面几个小节我将针对空间、平衡、统一、点线面、比例、层次和色彩等每一个基础要素展开细讲。

SPACE
空白空间

设计是一个过程，并不是结果。

在这个过程中，设计师需要让浏览者轻松、愉悦地将一条信息接收到脑海里，并且能成功影响他们的下一个决定，最大限度地提升信息提供方（一般情况下是商家）和浏览者（潜在消费者）的内在价值。

简单地说，在平面画面中，空间就是我们所说的空白，设计行业中的术语为留白。

空白、文字和图片是画面中的三大关键组成内容。

空白与文字和图片不同，文字和图片经常是需求方提供给设计师的，我们也非常容易就能理解文字与图片在画面中存在的意义。可是空白完全不同，它比较抽象，它存在的意义是设计师的决策。空白的位置、大小和形状是设计师在设计过程中不断调试它与周边内容的相互作用而产生的。如果留白运用得当，就可以烘托主体内容，凸显平面视觉的张力。

空白有聚焦作用

设想一下，如果你的手机突然不见了，那么你认为是在一间杂乱的房间中比较容易找到它，还是在一间空房间更容易找到它呢？答案无疑是后者，平面设计中也是如此。如果你需要突出一个内容要素，最好的方法之一就是给它周围留出足够的空间。

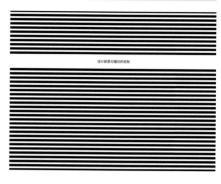

如果没有足够的空白空间，那么不管你多么强调标题的字号大小或者颜色，也是无用功，观看者的阅读体验非常差。

如果在紧密的图形空间中留出一个空白，那么它就主导了视线，能快速地引导人的视线到空白空间中的标题上。

有效空白和无效空白

空白，是因白纸的颜色而得名。

最早在出版的书籍中，段落和段落之间，以及页面边缘等地方会有不同的留白空间设计，其目的是方便读者记笔记或者划重点。但是在今天，空白不再指纯白色，无论是何种颜色、何种材质，它指的是一种背景空间。

无论是一张照片还是图文的平面排版，有效的留白可以增强画面的有趣程度和张力。

无效空白是指空白空间过大，没有有效地利用起来，使画面看上去不够完善，故事性不强。

苹果公司非常善于用空白做平面设计，使浏览者的视线停留在核心产品上。

留白可以是单色背景颜色。

留白也可以是一种材质。

留白就是画面中的空气，使画面的灵动感更强，也给整体添加透气感。

但是，如果画面中有太多的空间未被有效利用起来，我们就会经常感觉到空，不完整。

由于赛车本身的角度、造型等过于单薄，再加上周围的空白太多，并没有有效利用，因此画面感不完整，你总觉得故事没有讲出来。

需要增添更多元素把空白空间填充起来，使画面更为完整、丰富。

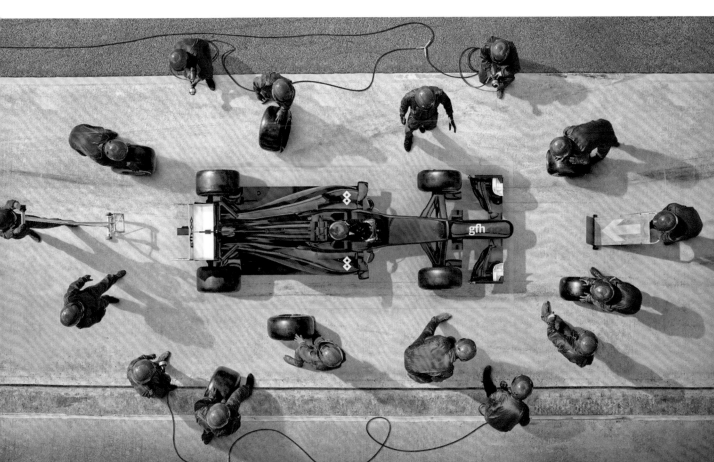

这张广告图里没有空白空间，
使整个画面太满，不透气。非常不利于浏览者观
察整个产品（咖啡饮料）。

所以需要在广告的底部添加足够的留白空间，把产品和背景图片区分开。这个留白成为了空气，给整个
画面增添了流动性，解决了画面太满、太压抑、不透气的问题，使浏览者的眼睛更加轻松地捕捉到咖啡
饮料产品本身。

同样在摄影图片中，如果没有足够的空白空间，
浏览者就不会明白照片所诉说的故事是什么。

只有保留了适当的留白空间，才能诠释出赛车手这个人物角色，从而让浏览者被车手的坚毅目光所震撼。

利用空白做不对称平衡设计

我们可以利用空白空间增添画面的趣味性和平衡感。

如果将文字或者图片放在画面的中心位置，就会抹杀空白空间，使其看上去比较正统、无聊。所以设计师们经常用非对称设计让整个画面更有活力，也增添了现代感。在非对称平衡的设计中，设计师对空白空间的设定和调试极为重要。

设计师把文字都平均置于画面中间位置，使设计看上去非常刻板。

设计师运用空白空间使整个画面中的内容成为非对称式平衡，使作品看上去更时尚，更优雅。

设计师将文字移到右上角，并且延伸到画面的边缘外，使空白空间保留的面积偏大，提升了画面的透气性，整体画面也更有趣。

空白可以维护内容相互关联的秩序和层次

友好的页面设计，内容必须一目了然。设计师提炼和过滤内容的层级关系，使同等层级关系中的内容以一致的设计手法展现出来，能够有效地降低阅读时间。空白就是实现这一目的的重要手段。我们在进行内容分类时，物体之间距离近的视为同等层级内容，距离远的视为不同层级内容。

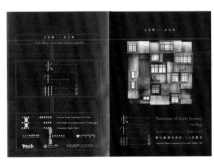

此案例的排版有更好的留白距离的控制，我们可以清晰地看出设计师的分类布局。

首先，整体内容被分为3组，分别以红色的距离分割。

其次，在第3组中的内容又被分为两组。黄色距离为同层级的内容，绿色距离为同层级的内容。

空白可以控制画面的"音量"

当我们去定位高档、追求品质的商店中购物时，一切都是那么的舒缓和优雅。商店内部布局设计得宽敞明亮，每个商品周围都留有大量的、提供给顾客驻足观赏的空间，店铺内的客流量也非常有限。而当我们身处打折促销的商店中或者大型商超中，你的体验是急迫和嘈杂的。店铺内部陈列密集，客流量也非常多，商品通常以低价、高销量为销售目的。这就是空间的密和疏所造成的两种体验。空白在平面设计中所营造的感受也是一样的。当然，这没有对错之分，我们只需要了解不同的留白空间影响的视觉体验，从而针对不同的项目目的使用空间即可。

这个展览海报具有有限的留白和高饱和度的黄色背景，使我们可以轻松地感受到嘈杂、年轻和活力的感觉。

同样是活动海报，其丰富留白空间的巧妙运用，使我们可以很清楚地感受到它针对的人群是成熟、优雅、喜欢品质生活的一类人。在活动现场，大家应该是安静地聆听、享受音乐，而不是嘈杂地互相交谈。

左图，设计师运用几乎无空白的拥挤感表达现代人被社交媒体软件绑架而经常处于焦躁中的状态。

BALANCE
平衡

平衡讲究的是视觉舒服。

好的设计就是让不同的元素在同个画面中也能显示出平衡。如果打破设计中的平衡会怎样呢？有可能画面上的所有组成元素都会变得非常突出。

平衡有 3 种形式：对称式平衡、非对称式平衡和整体平衡。

平衡的形式

平衡有以下 3 种形式。

（1）对称式平衡： 是以纵向为中心轴，平等地划分两边的信息。

（2）非对称式平衡： 也就是画面中的元素并非以对称方式进行排版，而是用一种张力均等的形式来平衡视觉。颜色、空间、纹路、信息的简繁程度、大小都可以形成不同的张力，用于互相制衡，使画面形成非对称式平衡。

（3）整体平衡： 使用很多内容充满一个画面的结果。整体是平衡的，缺少层次的对比。使用整体式平衡可以使画面看起来很丰富。

对称式平衡出现的时间最早。它是以垂直的轴线为中心，平等地划分两边的信息。

特点：这种手法容易营造出古典主义、正式、刻板、保守和严谨的感觉，但是缺乏新意，是一种很直白的表达方式，有时候会稍显无聊。

SYMMETRY

Symmetrical balance is easiest to see in perfectly centered compositions or those with mirror images. In a design with only two elements they would be almost identical or have nearly the same visual mass. If one element was replaced by a smaller one, it could throw the page out of symmetry. To reclaim perfect symmetrical balance you might need to add or subtract or rearrange the elements so that they evenly divide the page such as a centered alignment or one that divides the page in even segments

采用对称式平衡的排版在实际应用上是非常复杂的，要根据不同的文字特征和信息元素的复杂程度进行合理的分配。对称式平衡讲究的是两边信息平等存在，它们不必完全一样，可以是几乎相同的，也就是拥有几乎相同的视觉质量（形状、体积、颜色和对称位置）。

LEVI'S 的广告和左图的网页设计中，两边的内容并不是完全一样的，但是它们拥有同等质量，所以都创造出了对称的平衡。

#5

The Café Capri

Endlessly versatile in light-weight wool with a slim fit and a tapered, cropped leg that works for every body type.

SHOP THIS LOOK

设计师需要精心处理空白空间的分布，用反作用力使视觉上保持平衡。

特点： 相较于对称式平衡，非对称式平衡增强了现代感、力量感和活力感，也更具有时尚性。

Asymmetry

the dynamic method of layout used by moder-mists whereby lines of type are arranged on a non-central axis. balance is achieved by opposing forces

EYEWEAR
WOPT

黄金比例 1:1.618

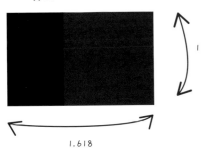

1.618

在非对称式平衡设计里,我们不得不提黄金分割,也称之为黄金比例。它具体是指把一条线以1:1.618 的比例分割成两个部分。它成为了平面设计中用来取得平衡的一种参考手段。当然,黄金比例在我们设计中仅是一种参考,还要根据具体的图片、文字等元素的情况来灵活摆放,不需要极其准确地套用这个比例。

图中左下角的香奈儿 Logo,由于它周围的空间有足够的留白,所以其成为视觉焦点,增添了自身的张力,使之有效地平衡了右上方复杂环境的图片。

Logo 周围的留白是借用了背景照片中吧台家具本身下半部分的单调设计,所以 Logo 的摆放位置就要结合整体的留白空间的大小来调整,不能控制在极其准确的 1:1.618 的空间里。

平衡设计中文字水平对齐的实际应用

在不同对称的平衡设计里,文字的水平对齐方式也会有所不同。

基本上,对称式平衡会采用居中对齐和两端对齐的文字对齐方式,非对称式平衡采用左对齐或者右对齐的方式居多。我们需要采用合适的对齐方式来对信息与周围空间的关系进行平衡。

JCPenney 的广告中,文字使用的是两端对齐方式。
整个平面设计属于对称式平衡

VICTORIA BECKHAM 的广告中,文字使用的是左对齐方式。
整个平面设计属于非对称式平衡

整体平衡是用很多内容充满一个画面的结果，它缺少层次的对比。使用整体式平衡可以使画面看起来很繁杂，画面内容之间的冲突感也可以是一个不错的视觉记号。

特点：创意感强烈、冲突感（冲击感）强。

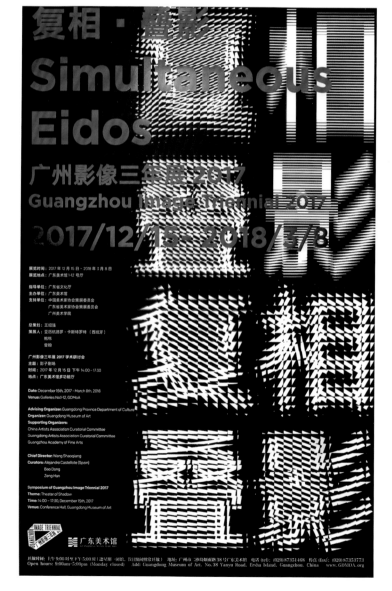

Another Design 设计公司为广州影像三年展设计的海报。

UNITY
统一

在一个设计中经常会涵盖大量的信息和元素，怎样才能降低浏览者阅读的成本呢？就是统一。根据信息和元素的不同层级关系，设计出一种以一致地、可延续地诠释各个层级信息的设计表现形式，这样整个设计才能达成统一的效果。

设计缺乏统一就会杂乱无章，难以阅读。但是统一的设计表现形式对于设计师是一个不小的挑战，我们经常在杂乱无章和刻板单调中徘徊以找到平衡点。

常见的体现统一的 4 种方式如下。

（1）**距离的接近度：** 各个元素之间的距离相近，元素可以被视为互相关联；反之，将被视为无关联信息。

（2）**相似性：** 各个元素的大小、色彩、所在位置、形状和材质等是否相似，可以展现元素之间的关系。

（3）**重复性：** 各个元素的大小、色彩、所在位置、形状和材质等进行重复，可以创造统一。

（4）**节奏感：** 单一的突破点的变化可以给单调的节奏增加趣味感。

根据距离的接近度来
进行分组

在我们创造"统一"的时候，一定要明白以下几个不可逆的浏览者习惯和认知：

❶ 我们从左到右阅读；

❷ 我们从上到下浏览页面；

❸ 不管是网页设计、H5 设计、App 设计、书籍设计，还是商品详情页设计，页面和区块之间是相互关联的，需要用一致性去引导浏览者；

❹ 大而且颜色重的显得重要，小而且颜色浅的显得次要；

❺ 对于模块／区块的表现，能合并即合并，能减少即减少，也就是注意做减法。

网站设计中，由于页面繁多，而且要适用于多个客户端，因此统一的设计规范是必需的。

P.L.P.
点、线、面

在视觉设计中，点、线、面是最基本的构成要素。但是，它们远比你想象的复杂，并不只是"一个圆点，点成线，线成面"这么简单的关系。

点、线和面都具有不同的特征和功能。设计要素是相互作用、互相关联的，所以我们先理解这3个基础设计要素的工作原理。为了能让大家更全面和深刻地理解点、线、面在商业设计中发挥的作用，我把这3个要素的定义分为平面定义和设计定义两种。

点的定义

在平面定义里，点是最小的记号单位。它与形状无关，可以是一个字母，可以是一个单词，也可以是一个三角形。我们在分辨某个元素是点还是面的时候，要从它与整个空间的关系来考虑。你可以想象有一只蚂蚁，当蚂蚁在花园中时，它就是点；当我们用显微镜观察它时，从显微镜里看到画面，所呈现的与周边空间的关系，它就是面。

在设计定义里，点是一个集中注意点。点将自己固定在空间中，并提供相对于其周围其他形式和空间的参考点。它们是关注的焦点，是我们作品中的焦点。

点会与周围的空间建立关系。在设计中，点和它周围空间的比例，以及该空间内点的位置，可以决定整幅作品的平衡关系。

Logo 形成了一个视觉点，可以平
衡平面视觉中的复杂的照片背景

点在设计中起到的作用

当点是单一的点时，它可以起到聚焦的作用。

当我们添加多个点，并且它们彼此影响时，事情就变得更有趣了。两点就意味着一个结构，点之间的间隔减小，它们之间的张力就会增加。

一起工作的点可以形成无穷的构图，可以成为线条，可以成为复杂的形状、图案、纹理和任何想象的结构。

线的定义

如果说点是静态的，那么线就是动态的，它有方向性。

在平面定义里，它可以被视为一个狭窄的面，可以是多个相邻的点形成的线。线有长度，同样也有粗细。

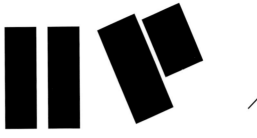
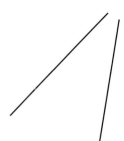

线越细，则越强调方向和运动的作用；线越粗，则越强调它的重量，也弱化了它原有的方向性。

在设计定义里，线有方向的引导性。一条线在某处，你的眼睛沿着它移动，寻找一个或两个端点。这种运动和方向使线条本身具有动态性。线不仅连接元素，还可以分隔元素，线也可以将元素连接到空间或将其与空间分开。

面的定义

面可以是设计空间中放置的任何元素或者元素相互作用形成的一个大的形状。

在平面定义里，面可以是一个巨大的点，可以是一条宽的线。同样地，一条线可以被看作是一系列相邻的点，一个面可以被看作是一系列相邻的线或者点。

在设计定义里，面可以具有点的聚焦作用，也可以有形状的特性。如果面周围的空间足够大，空间中的其他元素足够小，那么面仍然可以拥有点的聚焦能力。随着相对尺寸的变化，当面变得足够大以致其形状影响周围的空间和其他形状时，其点状特征变得次要，其轮廓显得更为重要。

DOMINANCE, FOCAL POINTS AND HIERARCHY
比例与侧重点

比例是大和小的比较关系。什么是大？什么是小？是通过与周围元素的比较而定义的。这种比较可以让信息在用户端形成主导优势。任何一项设计都要有一个最主要的视觉要素，即一个焦点或者入口点来主导整个设计。使用优势来创建一个入口点和一个层次结构，以引导浏览者的视线从你的设计的一部分到下一部分。

可以添加更多的视觉重量元素。

大小： 更大的元素携带更大的"重量"。
颜色： 有些颜色被认为比其他颜色更重，例如黄色和红色相比，红色是最重的，而黄色是最轻的。
密度： 在一定的空间中包含更多的元素，给予这个空间更多的权重。
重量： 一个黑色实心的物体比一个浅色的物体的视觉更重。
空白： 积极的空间比负空间或空白更重。

下面 4 幅图中，哪个凸显了苍蝇，是以它为侧重点的呢？

虽然苍蝇在前，颜色也是最重的，但是留白不够。如果单独看这幅图，根本看不出苍蝇的轮廓，所以文字在这幅图中是侧重点。

在苍蝇和文字几乎同等重要的情况下，因为苍蝇在前，而且颜色的对比最明确，所以突出了它的侧重性。

文字要比苍蝇大，而且文字在前，所以文字更加突出。

虽然苍蝇的轮廓非常小，但是它有聚焦性。而文字往外延伸得太多，以至于其可读性非常低。所以苍蝇依然是侧重点。

HIERARCHY
层次

视觉设计的目标是沟通，所以组织和优先考虑让元素传达有价值的信息是相对更重要的设计依据。视觉层次帮助用户理解、强化信息，并引导浏览者读取"故事"。

层次结构是将项目组织成相对重要性不同的级别。视觉层次结构自然足以创造这个组织和视觉上的优先顺序。内容可以分为首要、次要和其他同等次要信息。层次最好不要超过 3 个，不然就会产生混乱，难以分辨第二层级以下的信息的区别。而且在"碎片化"阅读时代，层级太多，消费者也没有时间去吸收。

请记住，设计不仅仅是美学。你的网页和广告都是用来跟消费者沟通的。可以通过调整元素的视觉权重来创建视觉层次结构，从而提升效果。

我们在设计的时候，可以单独拉出任何两个元素，想想哪个更重。然后问自己为什么，是什么使一个元素比另一个重。比如下图所示，如果我们对层级的思考维度是用户的行为，那么我们预设这 3 个行为的重要层级应该非常清晰。

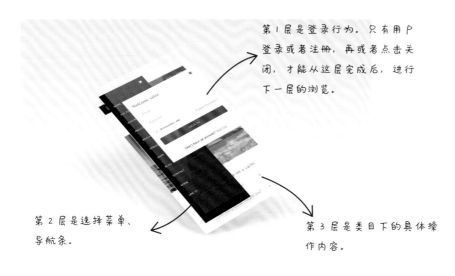

第1层是登录行为。只有用户登录或者注册，再或者点击关闭，才能从这层完成后，进行下一层的浏览。

第2层是选择菜单、导航条。

第3层是类目下的具体操作内容。

COLOR
色彩

人们在生理、心理和社会方面都受到色彩的影响。色彩不仅可以在设计中展现内容的层次，起到引导读者的作用，还可以影响读者的情绪。

我们可以使用颜色创建视觉层次结构，并改善设计中的整体平衡。可是颜色会受到光线、显示屏或者文化背景差异的影响，例如同样是红色，我们看到的和感受到的红色都是不同的。

色彩是设计中首先会被看到的元素，大部分消费者会被颜色所影响，所以我们更要在颜色的使用上花更多的时间去琢磨，颜色选择应该服从于你的概念和主题。因为色彩有非常强势的视觉效果，我们在设计的过程中并不想被它所影响。所以，我们经常在没有色彩的框架图中设计内容的层次和逻辑。在讨论如何使用色彩之前，我们先要知道色彩的理论、心理作用和行业特性。

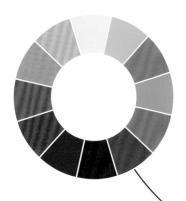

颜色可以用 3 种方式来描述：按名称、按纯度、按色值。有几个术语来帮助我们用这 3 种方式描述颜色，以便我们在工作沟通时能够更专业，减少误差。

hue 色相：当我们谈论色相时，实际上是正在谈论物体的实际颜色，即绿色、红色、黄色、蓝色和紫色等色相。

choroma 色度：指与灰色相关的色相纯度。当没有灰度时，颜色具有高色度的颜色。将灰色阴影添加到色相中会降低色度，包括明度和暗度。

saturation 饱和度：是色相的纯度。这与色度相似，尽管不完全相同。纯色相高度饱和，当添加灰色时，颜色变为去饱和度。

intensity 强度：颜色的亮度或暗淡度。将白色或黑色添加到颜色中会降低强度。强烈且高度饱和的颜色具有高色度。

value/luminance 深浅度/亮度：是衡量从一种颜色反射的光量，基本上是一种色相的明暗程度。从白色到黑色有 10 个数值可以添加。将白色添加到色调中使色调变得更亮。相反，添加黑色会使色调变暗。

shade 暗度：将黑色添加到色调中以产生较暗色调的结果。

tint 明度：将白色添加到色调中以产生较淡的色调的结果。

色度、饱和度、强度、价值/亮度、暗度、明度等名词诠释的都是我们讨论同一个色相下的不同色调。

互补色：在色环上相对位置的颜色

相似色：在色环上相邻的颜色

三间色：在色环上距离相等的颜色

色彩的含义与象征

色彩具有沟通的力量。当我们在选择颜色的时候要特别小心，我们必须要明白我们的设计要传递的信息是什么。是信任感，还是紧迫感？如果我们的内容是想要传递信任感，绿色或者紫色可能会更适合；如果是想造成读者的紧迫感，没有比红色更适合的颜色了。所以，我们在设计时不能因个人的喜好而选择。在使用适合的颜色去跟消费者沟通前，第一件事就是要理解颜色的含义。这指的并不是颜色本身具有的特定含义，而是我们读者的文化背景赋予它的含义。即使在单一文化中，个体差异也会存在。看到相同的颜色，你和我不一定会以同样的方式受到影响。这意味着重要的是要了解我们的目标受众是谁，以及受众如何理解颜色中的含义。如何了解和调研项目的受众人群，就是本书前几章的内容。

下面我们一起来了解色彩的基本象征。

暖色：这些是火的颜色，它们散发着温暖。温暖的色彩往往与激情、能量、冲动、快乐和舒适相关。暖色容易引起人们的注意，并令人有热烈、热情和兴奋的感觉。

冷色：这些是水的颜色。冷色调通常给人冷静、信任和具有专业性的感觉。它也与悲伤和忧郁有关。可以通过它们散发出的清凉感来让人们更理智。

红色：是火和血的颜色，表现激动的情绪。红色与能量、战争、危险、力量、决心、行动、信心、勇气、活力、激情、欲望和爱有关。生理上它可以加快新陈代谢，增加呼吸，并提升血压。红色是前进色，最能抓取人的注意力，也具有紧迫感。它通常用于按钮，以便让人们立刻采取行动。

黄色：是太阳的颜色。明亮的黄色吸引了人们的注意，但是过度使用它时，也会分散人们的注意力。黄色与快乐、幸福、智慧和智力有关。生理上，它刺激精神活动并产生肌肉能量。黄色经常用来唤起愉悦的感觉。如果黄色的暗度增加，就会减少令人愉悦的效果。

橙色：将红色与黄色结合在一起，得到橙色。它不像红色那样具有侵略性。橙色与喜悦、阳光、热带、热情、幸福、迷恋、创造力、决心、吸引力、成功、鼓励、刺激和力量有关，它可以增强食欲，并引起秋季和收获的联想。

绿色：是自然的颜色。它象征着成长、希望、新鲜和生育。在一些国家，它唤起了金融财富的联想和感受。绿色与治疗、稳定、耐力、和谐和安全有关，通常用于表达广告中的药品和医疗产品的安全性。

蓝色：是天空和海洋的颜色。它具有红色的相反效果，它在生理上减缓新陈代谢、呼吸和心率。它被视为阳刚的颜色。蓝色与信任、忠诚、智慧、智力、专业、信心、稳定性和深度相关。它能产生镇定作用，抑制食欲，并被认为对身体和心灵都有益。蓝色通常用于企业网站。

紫色：结合蓝色的稳定性和红色的能量，它代表了财富和奢侈。它象征着权力、贵族、奢侈和雄心壮志。紫色与智慧、尊严、独立、创造力、神秘和魔力有关。淡紫色被视为女性化。

白色：与光明、善良、纯真、纯洁和童贞有关。它通常具有积极的内涵，被视为干净和安全。

黑色：与力量、优雅、死亡、邪恶和神秘有关。它表示力量和权威，被视为正式和优雅，也带来恐惧和未知的感觉。

灰色：是一种中性色，并创造了一种非侵入性的感觉。它意味着责任和保守的实用性。它与安全性、成熟度和可靠性相关联。它可以用来减少另一种颜色的强烈能量。灰色是悲伤、分离和孤立的颜色，一些喜欢灰色的人被认为是喜爱孤独的人。

棕色：是地球的颜色，经常用于背景颜色。它与物质事物、秩序和惯例有关。棕色可以传达一种坚实而健康的感觉。

色彩模式

我们经常打开 Photoshop 等设计软件时首先需要选择的就是色彩模式。

色彩模式基本上分为两种：RGB 和 CMYK。RGB 是三色，用于电子屏幕显示，比如我们在做网站设计、UI 设计、互联网上传播的视觉需要采用 RGB 的色彩模式。

R = 红色，G = 绿色，B = 蓝色。

CMYK 是四色，用于印刷品的设计。如果一种颜色相加的 4 种原色越多，颜色就会变得越暗。

C = 蓝绿色，M = 紫红色，Y = 黄色，K = 黑色。

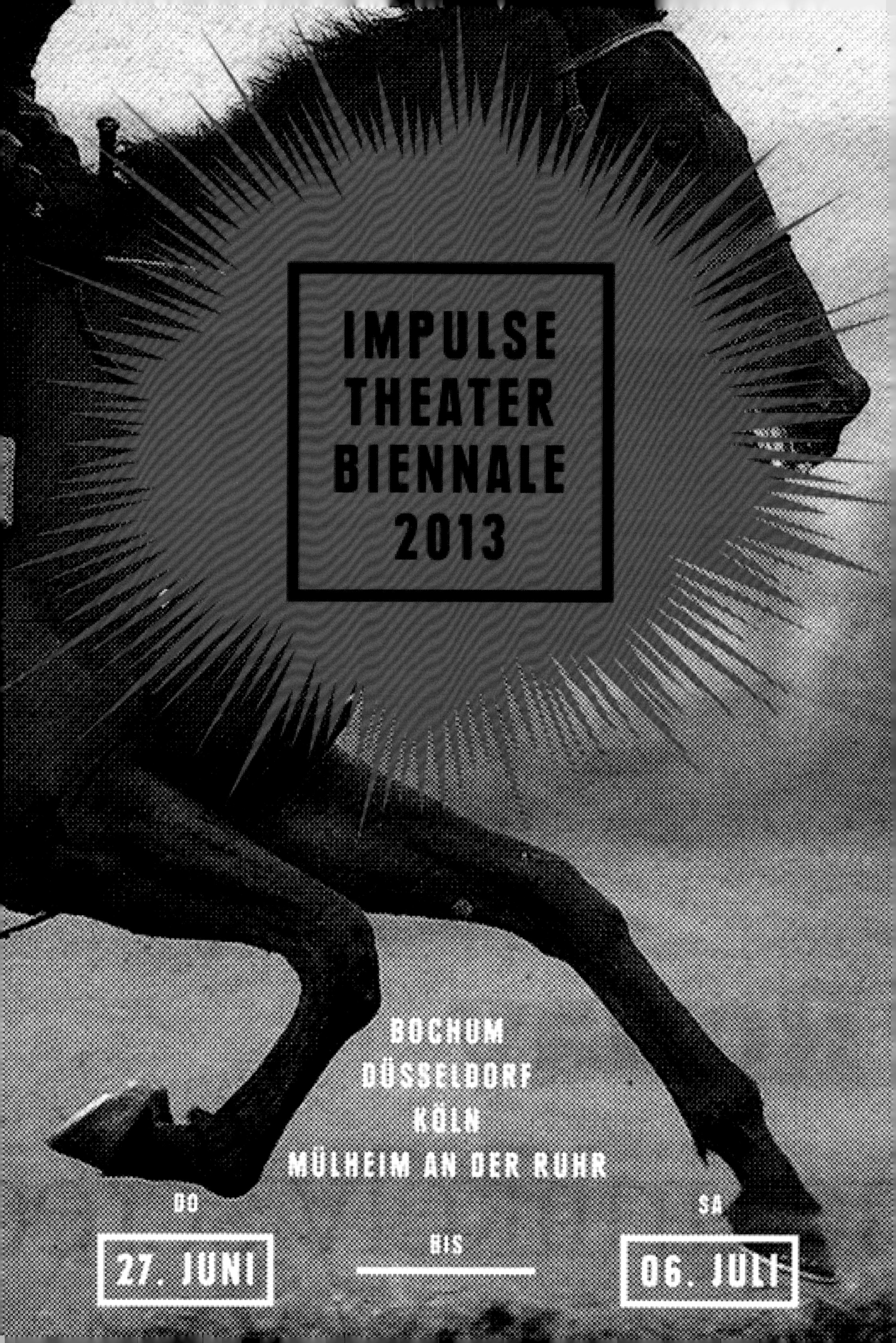

IMPULSE
THEATER
BIENNALE
2013

BOCHUM
DÜSSELDORF
KÖLN
MÜLHEIM AN DER RUHR

DO
27. JUNI

BIS

SA
06. JULI

在了解了色彩理论和含义后,我们需要进一步知道色彩在设计中所起的作用。不管是强调重点还是提供方向,都是通过颜色的对比所产生的效果。

用色彩强调重点

高度饱和的颜色(纯色)被认为更具动态性,能吸引注意力。但饱和的颜色过多会导致眼睛疲劳。不饱和的颜色就是添加了白色或者黑色的暗色。饱和/明亮的颜色被认为是友好和专业的,去饱和/深色被视为严肃和专业。

与画面的大面积颜色对比时,小面积的颜色将引起人们的注意,它会起到强调的作用,也就是我们在设计中使用的主导色。我们会在重复的页面、网站设计和系列广告中重复使用我们的主导色,将其用在重要的按钮、标题和内容上,以保证读者直观地看出它们的相关性和延续性,从而减少阅读的时间,并且能统一品牌的视觉设计。

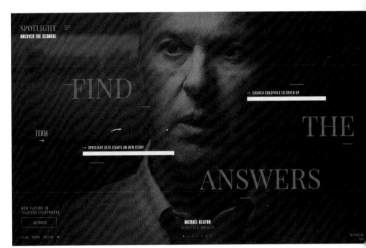

就算我们不懂英文,也能从这两幅图的背景色彩的处理方式、用色的规范和排版的延续性看出它们是属于统一的网站设计。可以点击的按钮的用色是整个色调中饱和度最高的颜色。设计的语言非常明确。

用色彩引导方向

较暖的颜色能将元素推向前景,较冷的颜色能将元素推向背景。选择暖色调和冷色调可以影响元素的层次关系。
较深的颜色倾向于首先被看见并且承载更多视觉重量。在使用了较深的颜色时,需要使用较大面积的浅色,才能使画面平衡。

用色彩加强识别性

通过建立色彩的一致性,可以使品牌具有识别性。色彩除了在视觉设计层面上发挥了吸引注意力、集合相关元素、传达意义和提升设计美感等作用,还能影响读者的心理层面和生理层面的情绪反应。所以颜色是除了标志以外,品牌的第二个识别符号。比如,IBM一直使用蓝色,以便将信任和稳定的感觉与品牌联系起来;呷哺呷哺使用红色和黄色,因为这个颜色会增强食欲并导致冲动,当你销售快餐时,用这种配色是完美的。

我们的视觉设计中通常只会有一个主导色。其他的辅助颜色主要是为了表达2级信息和其他相关信息,我们会有不同的配色方案。配色方案的设定主要由三方面确定:第一,会从品牌色本身出发;第二,会从目标消费者的细分人群调研而来;第三,每年的流行趋势会对配色方案有影响。视觉设计行业每年都会发布流行趋势,我们每一个互联网人都要时时关注行业动向,才能确保不被市场淘汰。

CHAPTER 4
商业与视觉设计的结合

在第 1 章我们讨论了所有的设计创意都要以商业为目的,为商业服务才有意义。在这个物质过剩、信息爆炸的时代,视觉设计是可以辅助我们达到商业目的的一把"利斧"。

在第 2 章我们了解了设计灵感从无到有的过程。在第 3 章我们认识了视觉世界的基本法则,遵守这些法则才能确保我们的设计能有效传递商业信息。

在本章,我会用两个实际的电商案例来帮你们深化商业目标、数据和设计结合的概念。

为什么选择电商案例？因为电商案例可以看得更精准。在电商的大数据支持下，我们所有人的工作都在"裸奔"。每一项工作的结果都有数据的反馈，设计也不例外。结合不同的数据点，通过研究就可以清晰地看到我们所做的设计是否有效，这就是电子商务的魅力。

本章提到的案例的思考维度、工作方法和流程与店铺或企业的级别无关。公司越小越要借鉴，确保所花的每一分钱都在刀刃上。所有人要明确目的，劲儿往一处使。所有人包括谁？

电商的"金三角"：运营、商品、视觉

运营：商业策略的制定和执行人。

商品：最懂货品的人，可以是产品经理、产品设计师和编辑等。

视觉：设计师、摄影师和修图师等视觉相关工作者。

DATA ANALYSIS
推敲数据

每一个电商工作者都必须知道的数据和数据背后的商业运作。电商设计师也不例外，如果你不知道数据，不知道怎么运用数据去做优化设计，你只能是"美工"而已。

我们先来看几个 KPI 数据和影响它们的电商运营因素。

KPI	解释	备注	影响因素	
UV	unique visitor，流量	单人浏览次数	搜索流量、推广流量（站外推广，站内推广）和自然流量	视觉影响
CR	conversion rate，转化率	付款单数 / 流量	活动页面、商品页面（宝贝详情页）和活动策略	视觉影响
PV	page views，翻页数	单人浏览的平均页数	品牌形象、商品页面、活动页面和专辑页面	视觉影响
POR	paid order value，付款订单率	付款订单数 / 订单总数	活动策略，客服催单	
BV	basket value，客单价	平均一个订单的价值	活动策略（比如满减活动等）	
BS	basket size，客单数	平均一个订单有几件商品	活动策略（比如第二件半价），关联商品陈列展示	

我们可以看到设计师在整个电子商务的工作中有不可小觑的地位，如果不好好培养设计师，你的品牌、商品就不可能在电子商务平台上突出重围。设计师需要懂运营，起码要知道每个数据对于每项工作结果的作用，这是一件很重要的事情。否则，你花了再多钱在流量上，也达不到效果。

1. 夏秋折扣活动 Banner

在案例中，我们只从设计师的角度出发审视整个项目的工作流程。

Banner 用于活动推广，会投入一笔不小的费用用于活动推广。Banner 的主要目的是引流，让消费者点击进入活动页面。根据运营、商品和视觉的会议沟通，我们已经明确 Banner 的结构。

❶ 图片：参与活动的主推款模特图。

❷ 文案：介绍活动规则和利益点。

那么问题来了：第一，活动主推款有几十件，用哪张图？第二，文案怎样表达才能吸引消费者点击？

解决问题的有效方式是缩小范围和测试。

2. 图片的选择

根据商品过去的表现指数、库存量和码数等信息，运营人员从几百款商品中选出活动主推款。

时尚编辑再从主推款中挑选出当季流行度高的商品。这时设计师拿到的是已经缩小范围商品名单，他们会从视觉引爆点的角度找出适合做广告图的模特图片。比如，色彩是否鲜艳，商品是否属于品牌的拳头品类，模特的视线是否直视镜头，等等。选出 5 张左右的图片作为下一步的测试目标。

3. 文案的选择

此时，我们有疑问的是对消费者产生较大刺激的是折扣力度还是价格。为了找出刺激力度大的广告文案，我们做了两个文案用语测试。

❶ 900 款夏秋爆款，71.6 元起。

❷ 千款盛夏爆款，5 折疯抢。

我们用 5 张图片和两个文案做出了 10 张推广设计图，小批量投放，用来做测试。

结果一目了然，最终我们选了 TOP 1 这张图用于活动广告推广。注：CTR 即 click through rate，点击到达率。

每张图分别配上两个不同的文案，文案位置、大小和排版方式不变。以此类推，做了 10 个推广测试图

将最好的测试结果用于正式推广

TOP 1
CTR:8.34%

TOP 2
CTR:8.01%

TOP 3
CTR:6.85%

我们可能花了较长的时间在测试环节，但是商业设计不是拍脑门的决定，我们没有人天资聪颖到可以预知消费者喜好。别小看 8.34% 和 6.85% 的点击转化率之间的差异，如果以 10 万人为单位，我们可以计算一下。

❶ 100000×8.34% = 8340（uv）

❷ 100000×6.85% = 6850（uv）

如果你的付款订单转化率是 3%：

❶ 8340×3% = 250.2 单

❷ 6850×3% = 205.5 单

如果你的订单平均价值是 299 元：

❶ 299 元 ×250.2=74809.8 元

❷ 299 元 ×205.5=61444.5 元

这只是以 10 万展现量为基数，如果你错选了 6.85% 那张推广图，你就少赚了 1.3 万元。如果展现量是 100 万或 500 万呢？这是很可怕的数字。

所以，别小看视觉设计对商业产出的重要性。

上诉这个案例是基于数据做的 A/B 测试。A/B 测试有助于我们更加客观地获得最优化的视觉解决方案。不论是用户的注册，还是下单等转化动作，高转化率在任何情况下都是商业成功的必要条件。

A/B 测试（对比测试）通过对比测试组 A 和测试组 B 来判断何种处理方式能够达到最理想的转化率。

BUILD THE BRAND CATEGORY
设计品类打造

当 2013 年我还在绫致时装集团工作时，我们想要在线上重新打造牛仔裤这个品类。当时牛仔裤市场的大环境是，线下市场相当成熟，商场内的国内品牌非常丰富，所以线下消费者的可选择性非常多，市场也在不断细分。ONLY 品牌创建于 1995 年，发源地丹麦。在 2013 年时，ONLY 的产品已经在全球 46 个国家拥有 2000 多家概念店，以及 5000 家品牌时装零售店，在国内的线下市场中的认知度非常高，牛仔品类也是 ONLY 线下零售的拳头品牌。可是，ONLY 在线上平台的销售不尽人意。所以我们当时的目标非常清晰，

就是要把 ONLY 牛仔裤在线上平台打造成销售第一、认知度第一的品牌，牢牢占领线上消费市场。

在明确了目标后，我们要跟客户沟通，了解需要解决的问题有哪些，怎样达到目标。

当然，我们在一个公司工作，那么我们的客户是谁呢？记得"金三角"吗？运营、商品、视觉，我们代表视觉。所以我们需要 ONLY 品牌运营人员和最懂商品（牛仔裤）的牛仔裤设计师团队一起沟通。我们足足开了 4 天的会议才把牛仔裤的背景、产品对标的竞争品牌，以及不同版型、面料等信息了解清楚。我们看了现有的所有素材后发现：第一，我们的产品真的非常好；第二，品类的广告宣传片非常丰富，品牌的营销语也非常清晰。在不缺品牌形象、资金和流量的情况下，为什么线上销售表现没有线下实体店好呢？

在本章的开头，我们知道直接影响转化率的因素是产品页面。是的，当时我们的牛仔裤商品详情页做得很差，拍摄的水准不高，页面内容设置也没有体现出牛仔裤的优势，完全没有表现出牛仔裤该有的品质。如果我们想让牛仔裤以原价在线上卖出，我们的产品就必须具有差异化。

在 2013 年时，没有短视频，也没有直播等高效表现媒介，只有图片，当时是读图的时代。所以，想要让我们的消费者看到产品的差异化，最直接的解决方式就是让图片本身具有差异化。

单看我们的广告图，有品牌形象、模特的果敢态度，符合我们的品牌调性和文化，但是要在线上做销售，单一的品牌"画册"是不够的，因为线上消费者无法试穿去感受我们的牛仔裤的版型，无法触摸感受面料的舒适度。所以产品需要做精细化拍摄，让消费者通过图片中的每一个细节、角度来感受牛仔裤的品质、版型和面料。你的图片有多好，直接影响你的产品和品牌的印象有多好。

明确问题后我们要拆分问题。

什么图片才是好图片？

（1）图片清晰，原创拍摄

让消费者清晰地通过图片了解产品的细节。模糊的图片或者像素化的图片都会让消费者认为没有可信性。

（2）图片统一性强

首先商品详情页是一组图片，我们要统一图片的拍摄风格。商品页面中的图片要有延续性，才能给消费者信赖感。我们可以从灯光、模特、背景、拍摄角度和色调等方面统一我们的视觉。

（3）图片内容化

每一张图片都要有存在的意义。不管是对图片生产者还是对阅读者，时间都是宝贵的，不要浪费任何一张图片，每张图片表达什么是需要提前研究的。所以，要提前研究每一款牛仔裤的版型的特点，用拍摄去表现它。

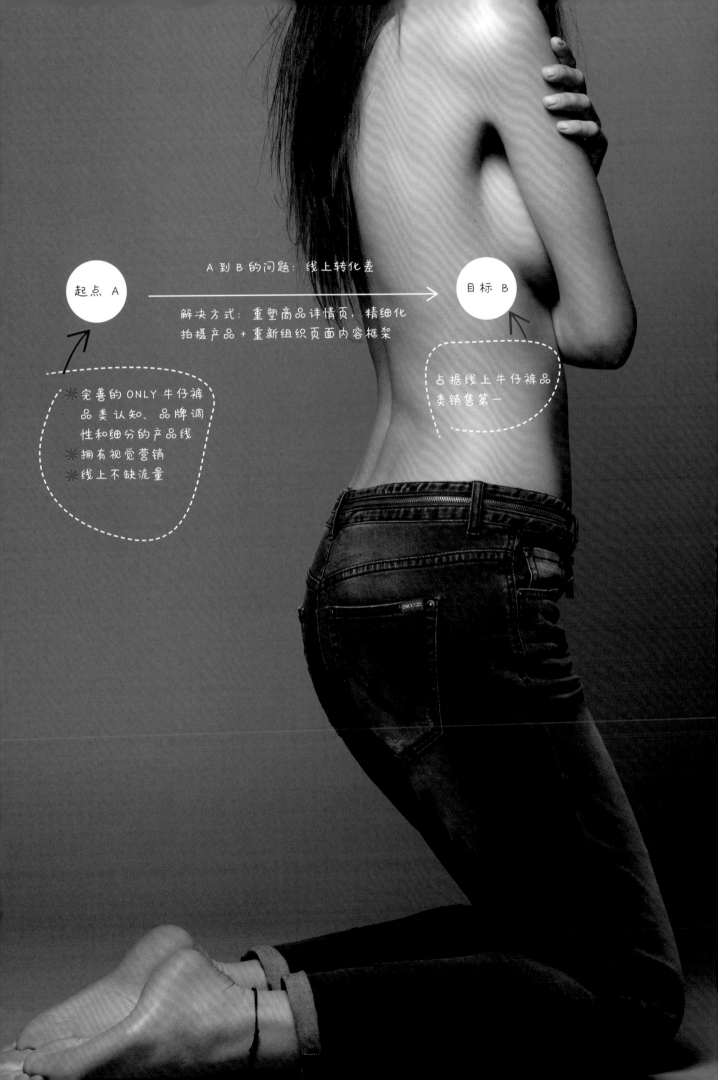

起点 A

A 到 B 的问题：线上转化差

解决方式：重塑商品详情页，精细化
拍摄产品 + 重新组织页面内容框架

目标 B

※ 完善的 ONLY 牛仔裤
　品类认知、品牌调
　性和细分的产品线
※ 拥有视觉营销
※ 线上不缺流量

占据线上牛仔裤品
类销售第一

RESEARCH AND ANALYSIS
调研与分析

在明确问题和拆分问题后，我们进入调研和分析的步骤。

首先我们分析了平台上现有的竞争品。做了同行业调研后，我们很惊喜，因为在视觉表现上，它们太差了。

竞争品的详情页的图片的 Photoshop 修图的痕迹太重，有的为了表现牛仔裤的修身效果，都把模特的腿部拉伸变形了。如果修图修得太过，除非产品的价格低，否则消费者是不会信任产品品质的。当时线上牛仔裤市场比较混乱，大家都陷入价格战，产品同质化很严重，还没有哪个品牌能够建立起牛仔裤的专业定位和做好品类细分，如版型、水洗标准等，这给了我们机会。我们从版型开始入手。ONLY 的牛仔裤一共有 7 个不同的版型，适合的人群也不一样，面料和水洗标准等都有不同的特性。如果你以为了解完产品自身的特点就算完成了了解产品这一步，那你就错了。这次我们是要重新打造牛仔裤品类，不能闭门造车，还要看看过往买家对产品的真实评价，从中会了解到更多买家真正在乎的卖点、需求，甚至是潜在风险。

在产品拍摄上，我们认为既然是打造牛仔裤，就应该专注于怎样把牛仔裤拍好。我们决定用模特的双腿演绎出牛仔裤的品质，所以无需让模特性感的眼神、花哨的搭配抢了牛仔裤的风采。

我们只能细细研究拍摄时的模特摆姿了。到底什么摆姿能在视觉上拉长腿部线条，什么摆姿能体现喇叭裤的风格，等等。带着这个目的，我们研究了上千张国外牛仔裤的拍摄照片，尤其是 DIESEL、MISS SIXTY、CALI 等品牌的早期模特拍摄照片，它们很有参考价值。要知道它们的货品价值在 2500 元左右，如果我们能够拍出它们的品质却只卖 499 元，那是不是就符合消费升级了呢？性价比就高了呢？通过整理和学习，我们定义了 7 个版型的正、背、侧的模特摆姿、拍摄角度、修图要点和截图位置。当然要想拍出令人激动的图片，必须要靠专业的前期策划和好的"腿模"，这个方案对模特腿部的要求非常高。

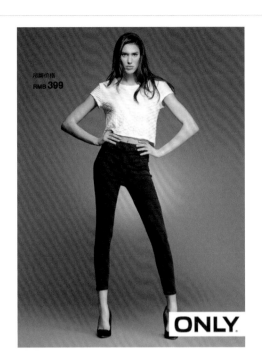
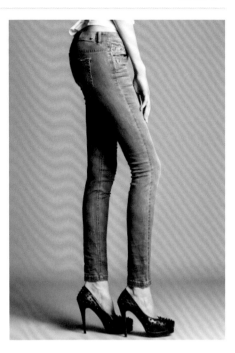

UNIFICATION AND CONSISTENCE OF IMPLEMENTATION
执行上要具有统一性和延续性

经过拍摄团队不断努力，以及资深设计师对图片的选图标准和使用的重新定义，我们6个人的临时创意小组，历时2个月的密集工作，终于完成了牛仔裤的品类拍摄和详情页的内容组织模版的重塑。但是，面对庞大的销售体系，仅仅几个人的热情是不能成功地推出任何具有实际操作意义的项目的。有时候，视觉设计的执行上很容易虎头蛇尾，也就是我们花了很大的精力研究和设计拍摄方案、重塑模版，结果也令人满意，但是最终执行到成百上千个 SKU 页面时，效果可能会大打折扣。造成这种结果的最有可能的原因是我们的前线执行人员没有领悟、了解你的设计思路。所以我们在搭配、拍摄、修图、裁图和设计等环节上也都制作出了执行规则的 PPT。这个规则说明 PPT 是我们总结的经验，并不是单一参照物的规则。所以，在使用规则时要有被否定的反面参照物，才可以让一线的执行人员知道规则的目的是什么。要把工作的目的和意义传达到每一个 ONLY 品牌组的工作人员，才有可能让我们的努力不会白费，才会让任何环节的执行人员更信任、更准确地按照规范执行。

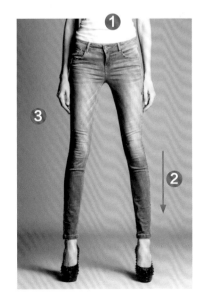

❶ 腰部截图的位置不能过高。如果模特选得好，就不用刻意用 Photoshop 修图来拉长腿部，只要在腰部截图的时候将位置控制在肚脐附近即可。这样从视觉上，腿部的面积比较大，自然就会感觉腿长。右图从胯部到大腿到小腿再到脚，基本是一个粗细，是在不了解正常人体结构的情况下过度修图导致的。

❷ 我们更注重模特与产品的真实结合，小腿到脚踝的曲线过渡自然，有美感。

❸ 在摆姿势的时候，如果最后用图以下半身为主，就一定要让模特的双手自然垂下，否则画面中没有手臂的支撑，只剩下两条分开的细腿，视觉上会非常不舒服，没有任何美感。如果你选择这样的图作为第一张展示图，那分类页面里的一排排货架图就更是没法入眼了。

❹ 右图中的胯部不平行，腿部打开角度过大，脚尖呈内八字，显得轻浮而没有品质感。左图中的两腿打开的宽度显得稳重而优雅，双手自然下垂，指尖放松，是真实且舒适的展现形式。

❺ 右图搭配了字母条纹 T 恤、鳞片状的黑色包包、编织交错的高帮鞋，这些都是线条感与动态感较强的物品，反而混淆和压制了真正要展现的重点（牛仔裤）。左图中搭配了基本款 T 恤和鞋子，运用了减法搭配法，更简单、有力地去表达产品。

❻ 鞋子是至关重要的，这种铅笔裤要配上简单的高跟鞋才可以拉伸腿部线条，又不抢牛仔裤的风采。

关于背景用色的小插曲

我当时跟拍摄总监 Redrei 有过很大的争执。在重塑牛仔裤品类项目之前，我们先完成了对所有新品拍摄的定义。Redrei 提出用黑色或深灰色为拍摄背景。我们否决了，坚持要用白色为背景纸。原因在于，我们考虑到每一个商品在电子商务里的生命周期都比较长，可能会是一年，即使是过季产品，也可能会在"双十一"大促时降价出售。如果用不同背景纸，尤其是灰色，在大批量和频繁的拍摄工作中，冲片等环节很难保证灰度的统一。会使店铺货架看上去凌乱不堪，像一块块补丁。所以，当 Redrei 再次提出要用深灰为拍摄背景时，我持反对意见。Redrei 是一个不善言辞，热爱专业且专注的人。对于我的反对意见，他没有再解释更多，而是亲自测试拍摄了一周。很感谢他当时的坚持。测试的片子说服了我们所有人。所以，在项目创作的初期，我们要放下主观意识，避免过度专注在一个想法上，应该敞开心扉，尽可能多地尝试不同的表现形式。有比较，才能选择最适合的创意。

最终我们的图片都是以高级深灰为背景来拍摄的。这种深灰色的背景图比纯黑色的透气性要好，又能让图片在视觉上的完整度更高。而白色和浅灰色背景张力不足，并且因为拍摄主角是牛仔裤，画面上没有模特的脸，所以图片容易给人一种很飘的感觉，也不够突出。如果你看过女性牛仔裤的淘宝搜索结果页面就知道了，图片中的模特采用了各种姿势，坐着的、腿部交叉的、扭着的，并且搭配了各种道具和背景，消费者根本静不下心来看产品。而我们的整体性设计让 ONLY 的牛仔裤能在搜索页面里更具特色，一眼便被认出。

CHAPTER 5
Photoshop 设计实战

Photoshop

界面基本操作介绍

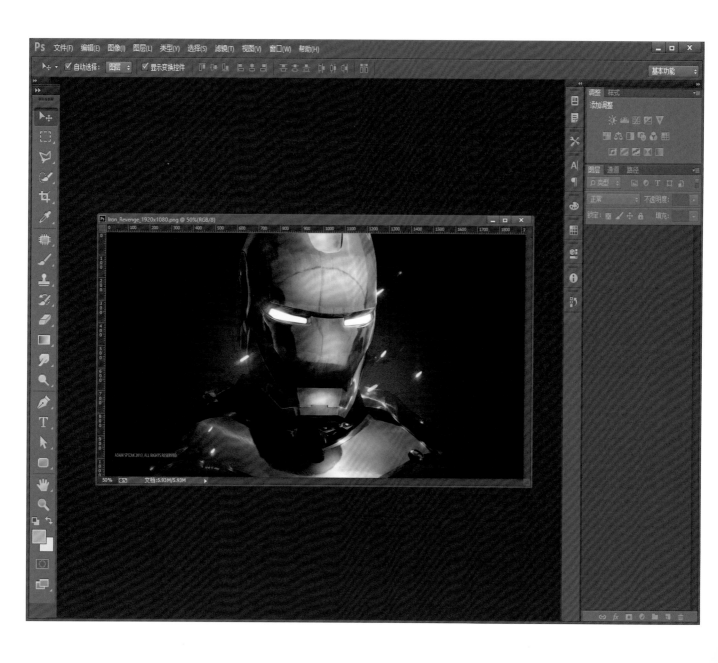

顶部的红色区域是菜单栏，包括文件、编辑、图像、图层、类型、选择、滤镜、视图窗口和帮助。

黄色区域代表公共栏，主要用来显示工具栏中所选工具的一些设置选项。选择不同的工具或者选择不同的对象时出现的选项也不同。

竖向的绿色长条称为工具栏，也称为工具箱。图像的修饰以及绘图等工具都从这里调用。每种工具都有对应的快捷键。

最右边的蓝色部分称为调板区，用来存放常用的调整板，也可以称为浮动面板或者面板，每一个都是可以单独移动使用。

紫色的区域为调板窗，有些调整板在其中只显示图标，单击后才会出现整个调整板，这样可以有效利用空间。另外，所有的调整板都是可以随意移动的。

其余的区域称为工作区，用来显示制作中的图像。Photoshop 可以同时打开多个图像进行编辑制作，图像之间还可以相互传递数据。

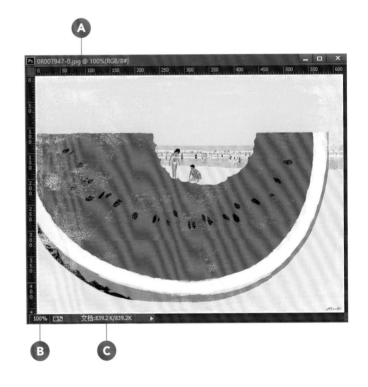

图像窗口说明：

A 标题栏：显示文件名，缩放比例，括号内显示当前所选图层名、色彩模式和通道位数等信息。

B 图像显示比例：可以通过输入数值或者按住 Ctrl 键左右拖动鼠标来改变。注意这里的比例只是图像的显示比例，而不是更改图像尺寸。

C 状态栏：显示一些相关的信息，较为常用的是存盘大小，因为其可以显示出 Photoshop 的内存占用量。

DOUBLE EXPOSURE
双重曝光

双重曝光，其实就是摄影师在拍摄时重复曝光两次或多次，让影像重叠在同一胶片上，使画面看起来更加丰富。在摄影中，双重曝光有多种玩法，可以一格格重曝，也可以一整卷重曝，曝光多于两次，等等。最初，双重曝光是摄影师的一个操作事故。后来，它从事故演变成为一种艺术形式，一些相机甚至内置了双重曝光功能。

双重曝光效果不仅受到摄影师的喜爱，艺术家和设计师也开始使用这种技术来创作抽象和超现实的艺术作品，因为双重曝光以抽象的形式表现更具深意、想象和个性的艺术价值。我们经常可以在音乐专辑封面、摩登前沿杂志、影视海报和视频中看到双重曝光的艺术效果。美剧《true detective》的海报和片头视频用的就是这种效果，而且非常出众，国内也有越来越多的影视作品，比如《好先生》等采用了这个风格制作片头。

科技发展到今天，除了使用相机，我们还可以用 Photoshop 软件制作这种效果，它可以支持我们在创作中更好地调整和控制最终输出效果。双重曝光不仅可以用于传统人物和多个场景结合，还可以灵活运用到字体设计、插画中。Open your mind! 下面我将创作一个音乐专辑封面，来教你怎样使用Photoshop创作出具有双重曝光风格的作品。

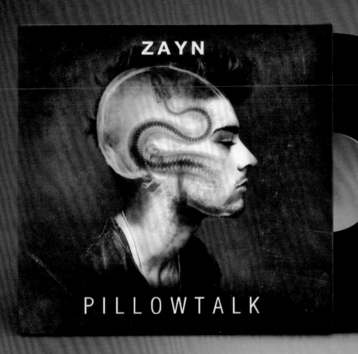

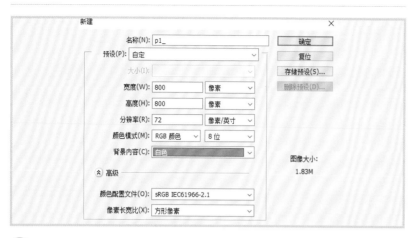

① 新建 800 像素 ×800 像素的图层。

② 将前景色调整成黑色,新建图层,用油漆桶工具填充黑色,并将素材拖入工作区。

③ 对着底层黑色画布按"Ctrl"+"T"快捷键找到垂直定位点。

⌨ 【新建文件】的使用方法

执行"文件 > 新建"命令(快捷键为"Gtrl"+"N"),弹出"新建"对话框,输入文件名,设置文件尺寸、分辨率、颜色模式和背景内容等选项,然后单击"确定"按钮,即可创建一个空白文件。

名称:

可输入文件的名称,也可以使用默认的文件名。创建文件后,文件名会显示在文档窗口的标题栏中。保存文件时,文件名会自动显示在储存文件的对话框内。

预设 / 大小:

提供了各种常规文档预设选项。

宽度 / 高度:

可以输入文件的宽度和高度。在右侧可以选择一种单位,包括像素、厘米、毫米和点等。

分辨率:

可输入文件的分辨率,在右侧可以选择分辨率的单位。

颜色模式:

可以选择文件的颜色模式,包括位图、灰度、RGB 颜色、CMYK 颜色和 Lab 颜色。

背景内容:

可选择文件背景的内容,包括"白色""背景色"和"透明"。

④ 按"Ctrl"+"R"快捷键调出标尺，拉动标尺与垂直定位点重合，标记出中心轴。

⑤ 对着素材图按"Ctrl"+"T"快捷键，将出现的定位点和中心轴对齐重合，此时素材图居中对齐。

⑥ 新建图层，选择画笔工具（B），即边缘虚化画笔，将笔刷设置成想要的颜色，用吸管工具（I）选取想要画的相邻背景颜色，对背景进行大面积的调整，使素材图和背景更好地融合，画笔不小心画在头发上也没关系，下一步可进行调整。

 【蒙版】的使用方法

在 Photoshop 中，蒙版是一种遮盖图像的工具，它主要用于图像合成。蒙版可以将部分图像遮住，从而控制画面的显示内容，这样做并不会删除图像，只是将它隐藏起来。因此，蒙版是一种非破坏性的编辑工具。

蒙版分为图层蒙版、剪贴蒙版和矢量蒙版。

图层蒙版：

相当于一块能使物体变透明的布，在布上涂黑色时，物体被隐藏消失；在布上涂白色时，物体重新显示；在布上涂灰色时，呈现半透明效果。

剪切蒙版：

是一个可以用其形状遮盖其他图稿的对象，因此 使用剪切蒙版时，您只能看到蒙版形状内的区域，从效果上来说，就是将图稿裁剪为蒙版的形状。

矢量蒙版：

是通过形状控制图像显示区域的，它仅能作用于当前图层。矢量蒙版中创建的形状是矢量图，可以使用钢笔工具和形状工具对图形进行编辑，从而改变蒙版的遮罩区域，也可以对它任意缩放而不必担心产生锯齿。

取样大小：用来设置吸管工具的取样范围。选择"取样点"，可拾取鼠标指针所在位置像素的精确颜色。

样本：选择"当前图层"，则表示只在当前图层上取样；选择"所有图层"，则表示在所有图层上取样。

显示取样环：勾选该项，拾取颜色时会显示取样环。

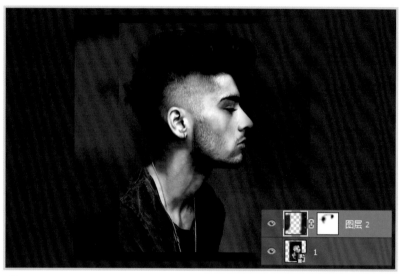

7 添加蒙版，将上一步画多的地方调整好（上一步在头发上的现在可以擦去），蒙版的使用方法见前一页。

8 新建图层，从下往上加渐变，演示渐变器设置为黑色到透明色。

 【画笔工具】的使用方法

打开 Photoshop 软件，左侧工具箱内可以找到画笔工具，快捷键为"B"。

画笔工具类似于传统的毛笔，它使用前景色绘制线条。画笔不仅能够绘制图画，还可以修改蒙版和通道。

画笔下拉面板：

单击下拉箭头可以打开画笔下拉面板，在面板中可以选择笔尖，设置画笔的大小和硬度参数。

模式：

在下拉列表中可以选择画笔笔迹颜色与下面的像素的混合模式。

不透明度：

用来设置画笔的不透明度，该值越低，线条的透明度越高。

流量：

用来设置当鼠标指针移动到某个区域时应用颜色的速率。在某个区域涂抹时，如果一直按住鼠标左键，颜色将根据流动速率增加，直至达到不同明度设置。

【画笔工具使用技巧】

1 按下"["键可以将画笔调小，按下"]"键可以将画笔调大。对于实边圆、柔边圆和书法画笔，按下"Shift"+"["快捷键便可以减小画笔的硬度，按下"Shift"+"]"快捷键可以增加硬度。

2 按下键盘中的数字键可以调整画笔工具的不透明硬度。例如，按下"1"，画笔的不透明度为10%。

3 使用画笔工具时，在画面中单击，然后按住"Shift"键单击画面中任意一点，两点之间会直接直线连接。按住"Shift"键还可以绘制水平线、垂直线或者斜线。

⑨ 新建图层，从上往下加渐变，演示渐变器设置为黑色到透明色。如渐变后的效果不自然，可以再加蒙版进行调整。

⑩ 新建图层，用黑色画笔调整整个画面，使四周压黑并过渡自然。笔刷预设值的不透明度在 30% 以下，比较容易控制。

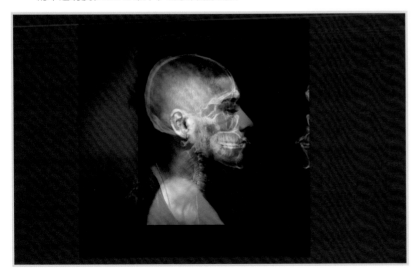

⑪ 将素材 2 拖进画面，按"Ctrl"+"T"快捷键进行自由变换，并按住"Shift"键等比拖曳，使 X 光片和素材头骨相重合（小技巧：将头骨素材的透明度降低，露出下面的底图，这样方便观察以便将图调整到合适的大小）。

 【渐变工具】的使用方法

左侧工具箱内可以找到渐变工具，快捷键为"G"。

渐变颜色条：

渐变颜色条███████ 中显示了当前的渐变颜色，单击它右侧的下拉按钮，可以在打开的下拉面板中选择一个预设的渐变。

渐变类型：

单击线性渐变按钮█，可以创建从起点到终点的直线渐变；单击径向渐变按钮█，可以创建从起点到终点的圆形图案渐变；单击角度渐变█，可以创建围绕起点以逆时针扫描方式的渐变；单击对称渐变█，可以创建使用均衡的线性渐变在起点的任意一侧渐变；单击菱形渐变█，则会以菱形方式从起点向外渐变，终点定义菱形的一个角。

模式：

用来设置应用渐变时的混合模式。

不透明度：

用来设置渐变效果的不透明度。

 [自由变换]快捷键"Ctrl"+"T"的使用方法

1. 正常情况下（不按任何键）
（1）拖动边框：单边缩放
（2）拖动角点：长宽同时缩放
（3）框外旋转：自由旋转

2."Shift"键 + 鼠标
（1）拖动边框：单边缩放
（2）拖动角点：长宽等比例缩放
（3）框外旋转：以 15°的倍数旋转

3."Ctrl"键 + 鼠标
（1）拖动边框：拖动一条边，其他边跟随变化
（2）拖动角点：角度和相邻两边发生变化
（3）框外旋转：自由旋转

4."Alt"键 + 鼠标
（1）拖动边框：对边等比缩放，角度不变
（2）拖动角点：中心对称自由缩放
（3）框外旋转：自由旋转

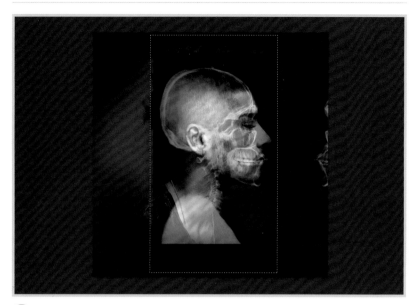

12 使用矩形选框工具选取出素材 2 中需要的部分，按"Ctrl"+"C" 快捷键和"Ctrl"+"V"快捷键复制出来，这时会出现一个新的图层，图层内容为矩形选框工具所选并复制的内容。

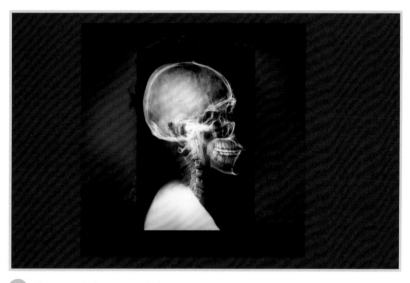

13 将原图层隐藏，只留下新复制出的图层，将不透明度恢复成 100%。

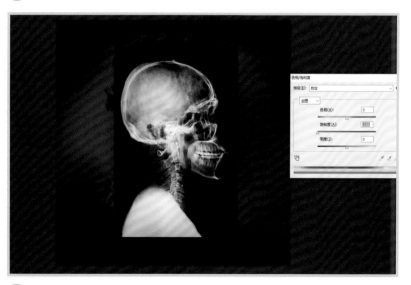

14 素材去色的第一种方法: 按"Ctrl"+"U"快捷键调出"色相\饱和度"对话框，将饱和度指针拉到最左边。

 【矩形选框】工具的使用方法

打开 Photoshop 软件，左侧工具箱内可以找到矩形选框工具，快捷键为"M"。

单击矩形选框工具后，在属性栏的最左边会显示针对新旧选区的 4 种操作模式，分别为新选区、添加到选区、从选区减去、与选区交叉。4 种选区操作模式的使用方法如下。

新选区:
默认的操作模式，每画一个选区，旧选取就会被新的选区所取代。

添加到选区:
新旧选区叠加。

从选区减去:
在旧选取中减去新选区，得到最终选区。

与选区交叉:
新旧选区重合的部分为最终选区。

💡 【色彩名词】

色相: 是指色彩的相貌，如光谱中的红、橙、黄、绿、蓝、紫为基本色相。

色相变化

明度: 是指色彩的明暗度。

明度变化

纯度: 是指色彩的鲜艳程度，也称饱和度。

纯度变化

色调: 以明度和纯度共同表现的色彩的程度称为色调。

色调变化

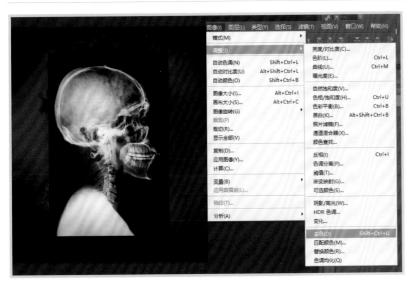

15 素材去色的第二种方法：选择"图像 > 调整 > 去色"命令。

【混合模式：滤色】介绍

混合模式是 Photoshop 的核心功能之一，它决定了像素的混合方式，可用于合成图像、制作选区和特殊效果，但不会对图像造成任何实质性的破坏。它也是用于双重曝光风格设计的重要工具。

滤色模式：

此模式下，图像中的黑色会被较亮的像素替换，而任何比黑色亮的像素都可能加亮底层图案。它可以使图像产生漂白的效果，类似于多个摄影幻灯片在彼此上投影。

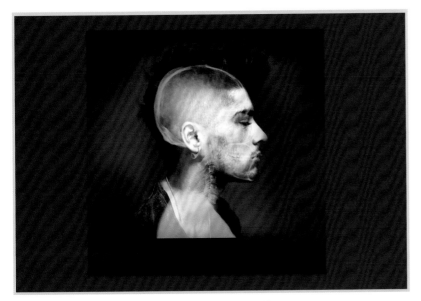

16 将图层混合模式变成滤色，透明度改成 73%。

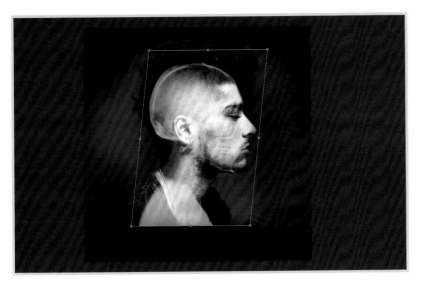

17 按"Ctrl"+"T"快捷键变形，按住"Ctrl"键，鼠标选中下面的矩形框中心点拖曳，将 X 光片中的颈椎调整到底层人物图脖子的位置。

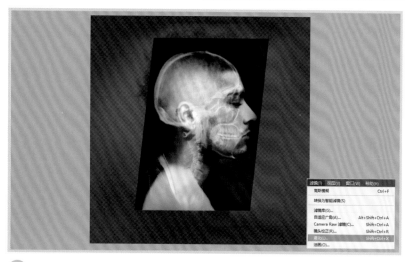

18 "滤镜 > 液化"命令：为了看清背景而更好地液化融合，将右下角的显示背景选项勾选上，调整不透明度到 80% 左右，使用向前变形工具（左边选项栏第一个）。对预设值进行设置，画笔大小为 100，画笔密度为 50 上下，画笔压力为 38 上下。

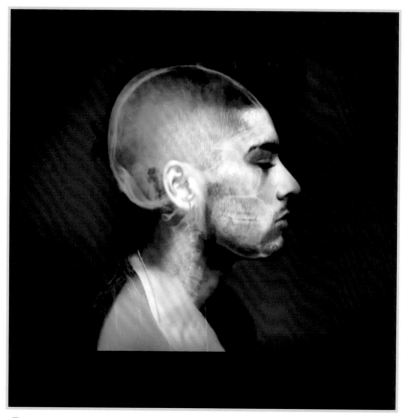

19 液化完成后按回车键确定，可以反复液化，最终达到满意效果即可。

⌨ **【液化】的使用方法**

"液化"滤镜是修饰图像和创建艺术效果的强大工具，可以实现推拉、扭曲和旋转收缩等变形效果，可以用来修改图像的任意区域。快捷键是"Shift"+"Ctrl"+"X"。

 向前变形工具：用来向前推动像素。

 重建工具：用来恢复图像。

 平滑工具：对扭曲的图像进行平滑处理。

 顺时针旋转扭曲工具。

 褶皱工具：使图像产生收缩效果。

 膨胀工具：使图像产生膨胀效果。

 左推工具。

 冻结蒙版工具。

 解除冻结蒙版工具。

 抓手工具：用来移动画面。

 缩放工具：放大和缩小。

左推工具：

垂直向上拖曳鼠标指针时，像素向左移动；向下拖曳鼠标指针，像素向右移动；按住"Alt"键垂直向上拖曳鼠标指针时，像素向右移动；按住"Alt"键向下拖曳鼠标指针时，像素向左移动。

冻结蒙版工具：

如果要对局部图像进行处理，而又不希望影响其他区域，可以使用该工具在图像上绘制出冻结区域，此后使用变形工具处理图像时，冻结区域会受到保护。

解冻蒙版工具：
用该工具涂抹冻结区域可以解除冻结。

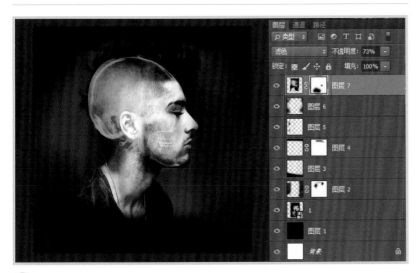

20 增加蒙版，将前景色设置为黑色，使用不透明度为 38% 的画笔工具在蒙版上涂抹，将 X 光片中不需要的部分遮盖隐藏。嘴和鼻子等小的细节部位先不做处理。

21 将画笔笔刷调小，不透明度设置成 28%，擦除嘴、鼻子等部分，此图为脸部完全处理后的效果。

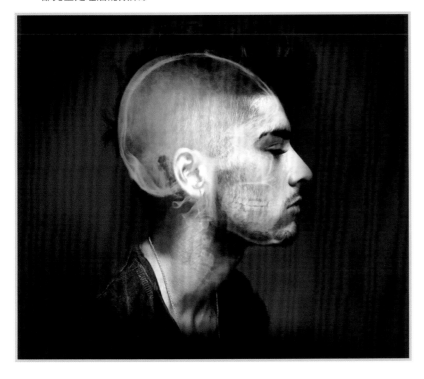

22 擦除肩膀处多余的 X 光片，使它们融合得更加完美。

23 将素材 3 拉入画布。

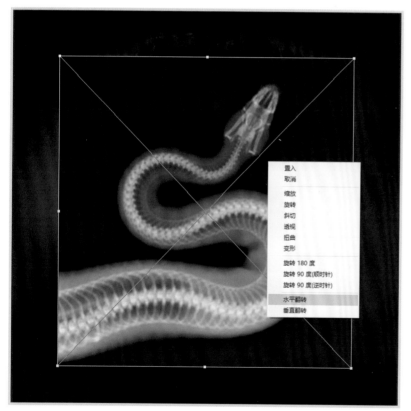

24 按"Ctrl"+"T"快捷键，按鼠标右键单击，选择"水平翻转"命令。

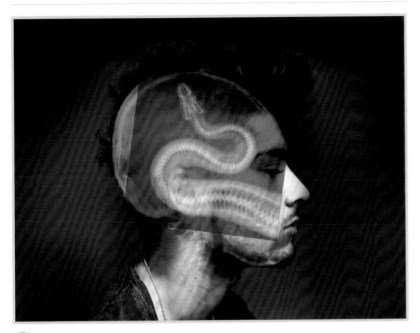

25 将素材等比缩小后旋转，放到合适的位置。

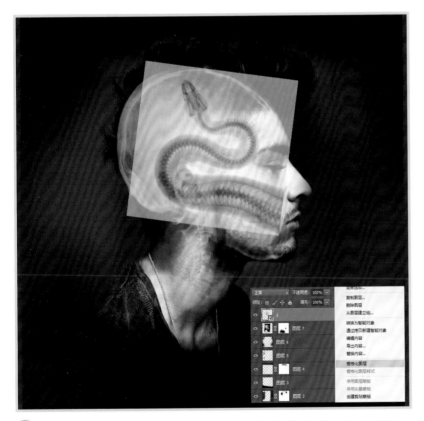

26 对着蛇形图层的空白处单击鼠标右键，选择"栅格化图层"命令。设置反色，按"Ctrl"+"I"快捷键执行"反相"命令，将蛇形图层反色。

 【栅格化图层】的使用方法

如果要使用绘画工具和滤镜编辑文字图层、形状图层、矢量蒙版或智能对象等包含矢量数据的图层，需要先将其栅格化，让图层中的内容转化为光栅图像，然后才能进行相应的图像化处理。

选择需要执行命令的图层，单击鼠标右键即可栅格化图层，或执行"图层 > 栅格化"了菜单中的命令，也可栅格化图层。

文字(T)	栅格化(Z)
形状(S)	新建基于图层的切片(B)
填充内容(F)	图层编组(G)
矢量蒙版(V)	取消图层编组(U)
智能对象(O)	隐藏图层(R)
图层样式	
图层(L)	排列(A)
所有图层(A)	合并形状(H)

文字：
栅格化文字图层，使文字变为光栅图像。栅格化以后，文字不能修改。

形状 / 填充内容 / 矢量蒙版：
执行"形状"命令后，可以栅格化形状图层；执行"填充内容"命令后，可以栅格化形状图层的填充内容，并基于形状创建矢量蒙版；执行"矢量蒙版"命令后，可以栅格化矢量蒙版，将其转换为图层蒙版。

智能对象：
栅格化后转换为像素。

图层样式：
栅格化图层样式，将其应用到图层内容中。

图层 / 所有图层：
执行"图层"命令，可以栅格化当前选择的图层；执行"所有图层"命令，可以栅格化包含矢量数据、智能对象和生成的数据的所有图层。

【 "反相"命令】的使用方法

执行"图像 > 调整 > 反相"命令，或者按快捷键"Ctrl"+"I"，即会将通道中每个像素的亮度值都转化为 256 级颜色值刻度上相反的值，从而反转图像的颜色，创建颜色负片效果。

27 反色后将图层的混合模式改为正片叠底，透明度降低到 95% 左右。

【混合模式：正片叠底】介绍

正片叠底：

当前图层中的像素与底层的白色混合时保持不变，与底层的黑色混合时则被替换，混合结果通常会使图像变暗。

28 添加蒙版，将前景色设置为黑色，用不透明度 20% 的画笔将边缘硬的地方结合自然。

29 调整后的整体效果。

【渐变编辑器】的使用方法

单击渐变色条，则会弹出"颜色渐变器"对话框，在其中可以编辑渐变颜色或者保持渐变。

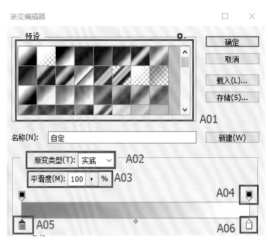

A01：为渐变映射的预设，用鼠标单击渐变方块，就可以应用该渐变映射，还可以通过预设右上方的小三角和载入、存储按钮来读取和保存自定义的预设。

A02：渐变类型有两种，一种"实底"，另一种"杂色"。"杂色"的渐变是随机生成的，一般用于比较炫目的特效制作。

A03：平滑度的设定可以适当增强图像的对比度。在一些很细微的变化中，可以尝试调整。

A04：不透明度色标，用于设定渐变的不透明度。当不透明度为100%时，该不透明度色标下的颜色为实色；当不透明度为0%时，该不透明度色标下的颜色为透明色；当不透明度为50%时，该不透明度色标下的颜色为半透明色，以此类推。不透明度色标可以左右滑动，设定不透明度的渐变点，也可以在两个不透明度色标之间单击，添加新的不透明色标点。整体还是对图像中颜色做调整。

30 单击◢（整个 Photoshop 界面最右下角处）新增调整图层、选择渐变映射，调整渐变值，单击最左边的选择器，再单击下面的色卡换色，具体数值如下。

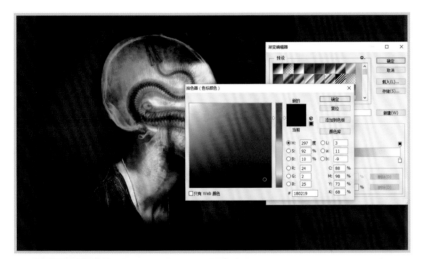

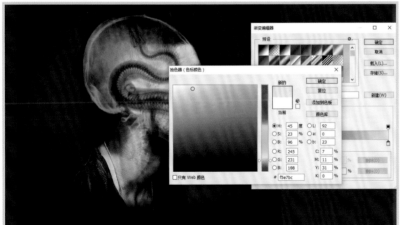

31 将最左边的暗部色值变为 #180219，将高光颜色值变为 #f5e7bc。

32 接下来加杂质，先将素材 4 拉入操作面板，并放在所有图层的最上面。

清晰的图层结构管理者 –【图层组】

随着图像的深入编辑，图层的数量会越来越多，用图层组来组织和管理图层，可以使"图层"面板中的图层结构更加清晰，也便于查找图层。

图层组就类似于文件夹，将图层按照类别放在不同的组中，当关闭图层组时，在"图层"面板中就只显示图层组的名称。

图层组可以像普通图层一样移动、复制、链接、对齐和分布，也可以合并，以减小文件的大小。

如果要将多个图层创建在一个图层组内，就要先选中这些图层，然后按快捷键"Ctrl"+"G"。

如果要取消图层组，但要保留组中的图层，就先选中该图层组，然后按快捷键"Shift"+"Ctrl"+"G"。

33 将图层混合模式变为滤色，不透明度降低到 36% 左右。

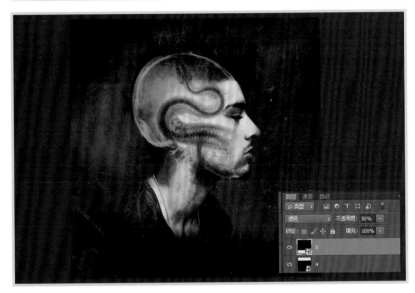

(34) 将素材 5 拖入面板,放在上层,混合模式改为滤色,调整不透明度到 50% 左右。

(35) 将素材 4 和素材 5 分别加蒙版进行调整,将头发和脸用黑色画笔擦出来。

(36) 将人物的相关图层选中,并按"Ctrl"+"G"快捷键新建图层组,组名命名为"人物"。

【合并/复制图层】的使用方法

Psotoshop 合并图层有 3 种,比如向下合并图层、合并可见图层和合并所有层。

向下合并图层(快捷键"Ctrl"+"E"):
上一个图层和下一个图层合并为一个图层。

提示

❶ 如果上下图层都是文字图层,那么按"Ctrl"+"E"快捷键是不能合并图层的。

❷ 如果下层是文字图层,那么不管上层是什么,都无法合并图层。

遇到这两种情况,必须将文字图层进行栅格化,才能合并图层。

合并可见图层(快捷键"Shift"+"Ctrl"+"E"):
就是指图层前面有眼睛图标的图层都会被合并为一个图层。

复制再合并是比较特殊的图层合并方法,它可以将多个图层中的图像内容合并到一个新的图层中,同时保持被合成的图层完好无损。

37　将人物组里面的图层都选中复制一遍，快捷键是"Ctrl"+"J"。

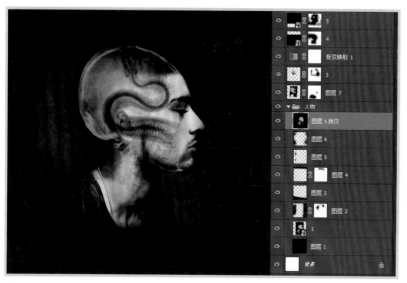

38　选中刚才复制的所有图层，按"Ctrl"+"E"快捷键合并所有人物图层创建一个新的人物层。（或者不需要上一步复制操作，而是直接将人物组中的图层全部选中，并按快捷键"Shift"+"Ctrl"+"E"盖印新图层。两种方法皆可实现一样的操作结果。）

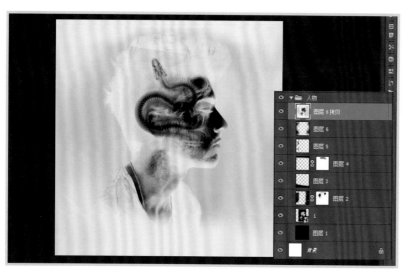

39　按"Ctrl"+"I"快捷键将刚才合并新建的图层进行反相处理。

【混合模式：叠加】介绍

叠加模式：

此模式会得到当前图层图像的色彩与下层图像的色彩进行混合的效果，而且可以让图像的暗处加深或亮处增亮，适合在加强对比度和提高饱合度时使用。

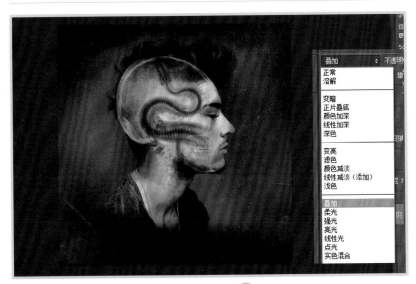

40 将反相后图层的混合模式变为"叠加"。

41 增加黑色图层蒙版，用白色画笔将头发部分保留并提取出来。反相处理再叠加是为了让原本经过多步处理有些不清晰的头发变得明显。所以 39、40、41 这 3 步是在对头发进行处理。

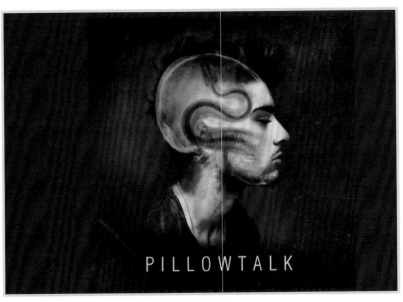

42 添加图中的文字，字体为 Helvetica，Regular；颜色为 #eee0b7；大小为 65；字体间距为 300。

【文字工具】的使用方法

打开 Photoshop 软件，左侧工具箱内可以找到文字工具，快捷键为"T"。

可以通过 3 种方法创建文字：在点上创建、在段落中创建和沿路径创建。

下面两幅展示图分别为文字工具选项栏的前半段和后半段，下面的文字依次为选项栏中属性的详细解析。

更改文本方向：单击该图标可以使文字横排或竖排，两者相互转换。

设置字体：在该选项的下拉列表中选择一个合适的字体。

设置字体样式：字体样式是单个字体的变体，包括规则（Regule）、斜体（Italic）、粗体（Bold）和粗斜体（Bold Italic）。

设置文字大小：可以设置文字的大小，也可以直接输入数值来进行调整。

消除锯齿：下拉列表中可以选择消除锯齿的方法，包括无、锐利、犀利、浑厚和平滑。

对齐文本：包括左对齐文本、居中对齐文本和右对齐文本。

设置文本颜色：单击颜色块，可以打开"拾色器"来设置文字的颜色。

创建变形文字：单击该图标，可以打开"变形文字"对话框，为文本添加变形样式，从而创建变形文字。

显示/隐藏字符和段落面板：单击该图标，可以显示或隐藏"字符"和"段落"面板。

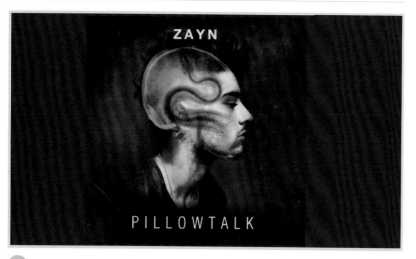

43 添加图中人物上面的文字，字体为 Helvetica ,bold；颜色为 #eee0b7；大小为 48；字体间距为 200。

44 将做好的图片保存成 JPG 格式，拉进 CD 素材，按住"Shift"键等比缩放，平面图放置时稍微比 CD 封面大一些，方便之后的裁剪。

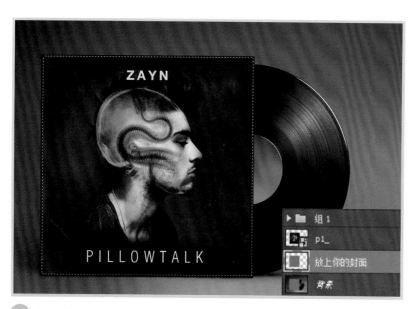

45 按住"Ctrl"键单击 CD 封面图层的缩略图，出现蚂蚁线。

⌨ **【字符面板】的使用方法**

字符面板提供了比工具栏更多的选项。

字体系列 — Helvetica-Co... Regular — 字体样式
字体大小 — 65 点 / 80 点 — 设置行距
字距微调 — 0 / 300 — 字距调整
比例间距 — 0%
垂直缩放 — 100% / 100% — 水平缩放
基线偏移 — 0 点 / 颜色 — 文字颜色

设置行距：行距是指文本中各个文字行之间的垂直距离。

字距微调：用来调整两个字符之间的间距，单击两个需要调整的文字即可。

字距调整：选择了部分字符时，可调整所选字符的间距；没有选择字符时，可调整所有字符的间距。

比例间距：用来设置所选字符的比例间距。

水平缩放 / 垂直缩放：水平缩放用于调整字符的宽度，垂直缩放用于调整字符的高度。这两个百分比相同时，可以实现文字的等比缩放；不同时可以不等比缩放。

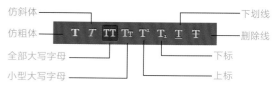

仿斜体 — 下划线
仿粗体 — 删除线
全部大写字母 — 下标
小型大写字母 — 上标

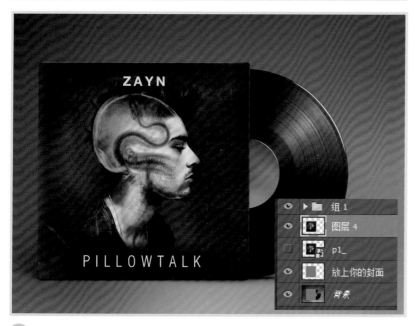

文字编辑技巧

调整文字大小：选取文字后，按住"Shift"+"Ctrl"快捷键并连续按下">"键，能够以2点为增量将文字调大；按下"Shift"+"Ctrl"+"<"快捷键，则以2点为增量将文字调小。

调整字间距：选取文字后，按住"Alt"键并连续按下左右箭头键，可以减小和增加字间距。

调整行间距：选取文字后，按住"Alt"并连续按下上下箭头键，可以增加和减小行间距。

图层缩略图

当你用鼠标单击右侧的图层缩略图时，会生成一个以该图层内容边缘为边界的选区。如案例所示，如果想裁切一个跟选中图层大小一样的区域，就可以使用此方法。

46 保持蚂蚁线出现的状态，用鼠标单击选中自己做好的素材图，然后先后按快捷键"Ctrl"+"C"和"Ctrl"+"V"，复制出来一个和刚才蚂蚁线区域一样大小的新图层，隐藏原有图层。

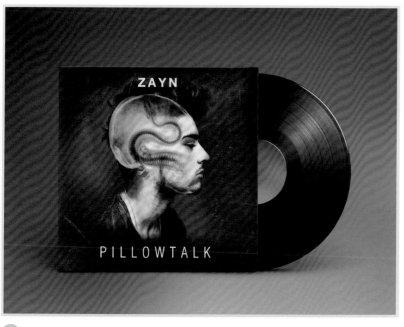

47 最终效果如图所示。可以再稍调曲线和色阶等，使展示效果图更完美。

LOW POLY
低多边形

就算你不熟悉这个词，也肯定看到过这个风格。它最近可是趋势高涨啊！我们经常在动画、音乐视频、小游戏和海报中看到这个风格的身影。一句话概括就是：通过用简单的几何图形（通常是三角形）点对点地连接组合成画面。我们先来看 poly 这个词，它的意思是多边形，low poly 就是低多边形。对于 poly 多边形你有必要知道，它只是由直线和角度构成的二维形状。

多边形
（直线）

不是多边形
（有曲线）

不是多边形
（没闭合）

low poly 风格主要来自 3D 动画的早期阶段。动画师使用低多边形方式为 3D 的场景建模，有助于减少渲染时间，可以大大加快视频游戏和动画电影的开发过程。如今虽然 3D 技术和用于游戏动画开发的设备比原来要完善很多，但是 low poly 已经形成了一种独立的风格和设计趋势。不管是 3D 艺术家，还是视频师，或是平面大师，甚至是插画家都会将 low poly 风格运用到创作中，来表达自己的想法。

风格特点：
A. 以不规则的三角形为元素组合成画面；
B. 每个三角形元素必须用纯色填充；
C. 相邻的三角形不能是同一个颜色，需要用颜色的不同深浅来勾勒出物体本身的形态。

下面我们来欣赏以 low poly 风格创作的好作品，希望你能得到更多灵感。

① 将素材图拽进 Photoshop 面板，调出网格，方法是"视图 > 显示 > 网格"，快捷键是"Ctrl"+"¹"。

参考线、网格、目标路径、选区边缘、切片、文本边界、文本基线和文本选区都是不会打印出来的额外内容，要显示它们，需要首先执行"视图 > 显示"命令，然后在下拉菜单中选取一个项目。若需隐藏则要再点一次该项目。

图层边缘：显示图层内容的边缘，若想要查看图像边界，可以启用该功能。

选区边缘：显示或隐藏选区。

目标路径：显示或隐藏路径。

网格：显示或隐藏网格。

参考线 / 智能参考线：显示或隐藏参考线。

数量：显示或隐藏计数数目。

切片：显示或隐藏切片的定界框。

注释：显示或隐藏图像中创建的注释信息。

像素网格：将文档窗口放大至最大的缩放级别后，像素之间会用网格进行划分；取消该项选择时，像素之间不显示网格。

② 选择"编辑 > 首选项 > 参考线、网格和切片"命令，修改网格设置。

③ 修改"网格线间隔"为 15 毫米（如果是自己的素材，请按照情况自己选择）。然后再执行"视图 > 对齐到"，勾选上"参考线"和"网格"命令。

 【参考线、网格和切片】

执行"编辑 > 首选项 > 参考线、网格和切片"命令，打开"首选项"对话框。对话框右侧的颜色块中显示了修改后的参考线、智能参考线和网格的颜色。

参考线：用来设置参考线的颜色和样式，包括直线和虚线两种样式。

智能参考线：用来设置智能参考线的颜色。

网格：可以设置网格的颜色和样式。对于"网格线间隔"可以输入网格间距的值。在"子网格"选项中输入一个值，则可基于该值重新细分网格。

切片：用来设置切片边界框的颜色。勾选"显示切片编号"选项，可以显示切片的编号。

④ 所做素材有左右对称的特殊性，可以完成半边效果之后再复制水平翻转，便可做出完整的作品，可以节省创作时间。选出一半的素材图。（如果直接用矩形工具选取的话，不好找到中心线，则新建一个图层，使用矩形工具沿着素材边缘画出一个矩形，然后按"Ctrl"＋"T"快捷键找到中心线，拉出辅助线作为标记，如果不是原素材练习，该步骤可自行省略。）

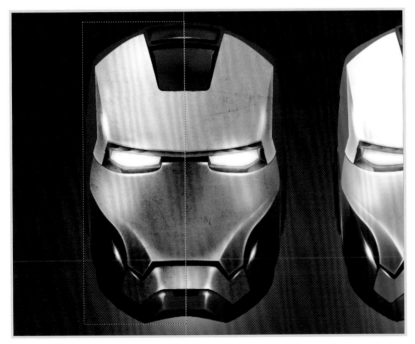

⑤ 用矩形选框工具选出要做效果的那部分素材，先后按快捷键"Ctrl"＋"C"和"Ctrl"＋"V"，复制一个新的图层。

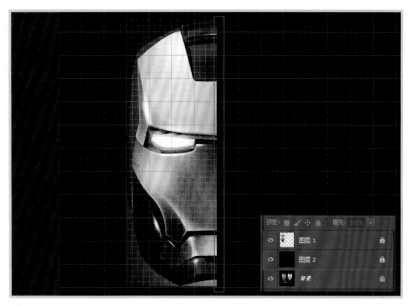

6 在新的图层和原素材图层之间新建一个纯黑色的图层（方法是新建图层，将前景色设置成黑色，用油漆桶工具单击新建图层，使其变成纯黑色）。打开网格，将复制的素材图层的一个边缘对准网格的一条直线，完成后将新建图层和复制出来的图层上锁。

7 使用直线工具，选择一个与原本的素材颜色反差大的颜色，不描边，粗细设为1像素。

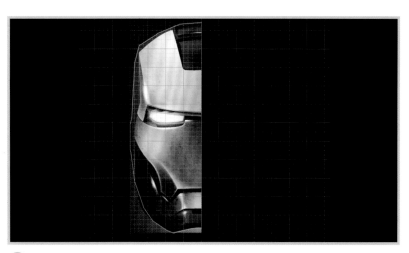

8 用直线工具给素材描边。每画出一条线都会新生成一个图层，最后画完整个边缘后合并所有描边图层。

 【矩形选框】工具的使用方法

打开 Photoshop 软件，左侧工具箱内可以找到矩形选框工具，快捷键为"M"。

单击矩形选框工具后，在属性栏的最左边显示有针对新旧选区的4种操作模式，分别为新选区、添加到选区、从选区减去和与选区交叉。4种选区操作模式使用方法如下。

新选区：默认的操作模式，每画一个选区，旧选取就会被新的选区所取代。

添加到选区：新旧选区叠加。

从选区减去：在旧选区中减去新选区，得到最终选区。

与选区交叉：新旧选区重合的部分为最终选区。

 【油漆桶】的使用方法

打开 Photoshop 软件，左侧工具箱内可以找到油漆桶工具，快捷键为"G"。

油漆桶工具是一款填色工具。这款工具可以快速对选区、画布和色块等填色或填充图案。

填充内容：
单击油漆桶图标右侧的上下箭头，可以在下拉列表中选择填充内容，包括"前景"和"图案"。

模式\不透明度：
用来设置填充内容的混合模式和不透明度。如果将"模式"设置为"颜色"，则填充颜色时不会破坏图像中原有的阴影和细节。

 【直线工具】的使用方法

在 Photoshop 中，直线工具用来创建直线，快捷键是"U"。选择该工具后，单击并拖动鼠标可以创建直线或线段，按住"Shift"键可以创建水平、垂直或以45°角为增量的直线。它的工具栏中包括了线段的填充颜色、描边和粗细的选项。

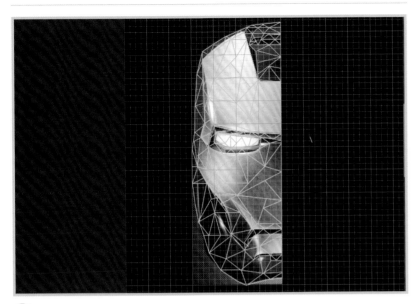

用直线细化素材的时候，尽量使用封闭的三角形，这样效果看起来视觉感更好。注意素材中的圆形地带，要尽量减小三角形让圆形的边缘更加圆润；还有原素材中深浅色的地方，要注意分开细化三角形，这样做出来的效果不会破坏原本的明暗关系。

⑨ 用直线工具细化素材中的小三角（注意圆形、深浅色的细化），这个步骤画得越细，最后的效果越完美，细节感越强。

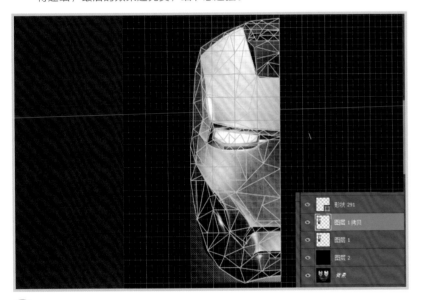

⑩ 按快捷键"Ctrl"+"J"将底图（原素材图）复制，形成一个新的图层，原底图图层保持上锁。

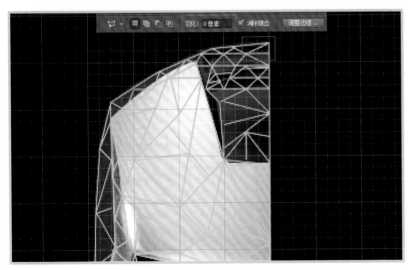

⑪ 在新建的图层上操作，使用多边形套索工具选取三角形（设置"羽化"为0像素），选出后则会出现蚂蚁线。

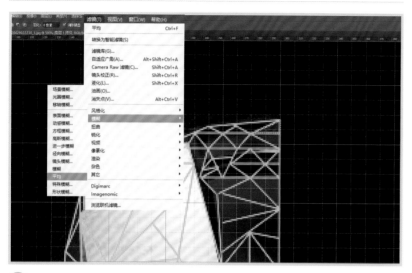

(12) 选中之后执行"滤镜 > 模糊 > 平均"命令。

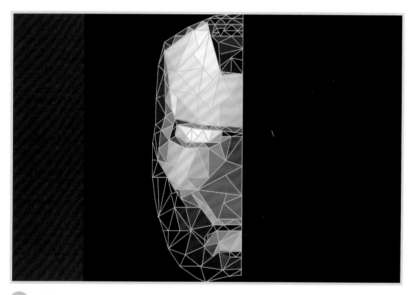

(13) 对每一个三角形执行"平均模糊"操作，整体完成后的效果如图所示。

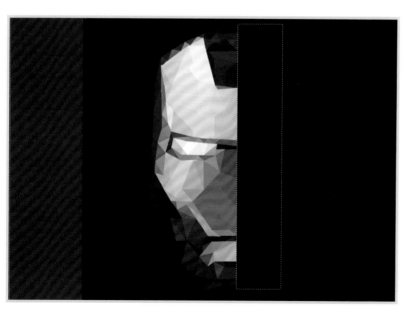

(14) 使用矩形选框工具，在做好的图层边缘多选进 1 像素，删除掉边缘毛刺。操作完成后，按快捷键"Ctrl"+"D"去掉选区蚂蚁线。半边效果已经做完。

 【多边形套索】的使用方法

在 Photoshop 中，套索类工具包括套索工具、多边形套索工具和磁性套索工具，它们可以创建不规则选区。

选择多边形套索工具，在工具选项栏中单击■图标，在素材上的一个边缘上单击，然后沿着它边缘的转折处继续单击鼠标，定义选取范围。将鼠标指针移动至起点处，鼠标指针右下角会出现一个小圆圈，单击可以封闭选区。

提示

创建选区时，按住"Shift"键操作，可以锁定水平、垂直或以 45°角为增量进行绘制。如果双击鼠标，则会在双击点与起点间连接成一条直线来闭合选区。

使用多边形套索工具时，按住"Alt"键单击鼠标并拖动鼠标指针，可以切换为套索工具，此时拖动鼠标指针可徒手绘制选区；放开"Alt"键可以恢复为多边形套索工具。

 【平均滤镜】的使用方法

平均滤镜可以查找图像的平均颜色，然后以该颜色填充图像，创建平滑的外观。

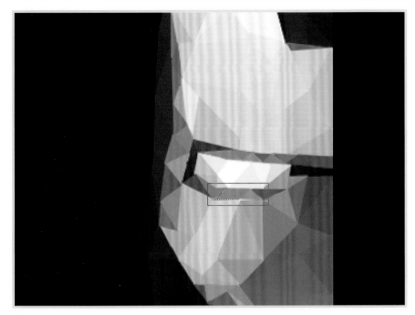

15 将边缘有瑕疵的三角形重新执行一遍平均模糊操作，方法是用多边形套索工具重新画一个大一些的三角形盖住底层已经存在的三角形，执行"平均模糊"命令）。

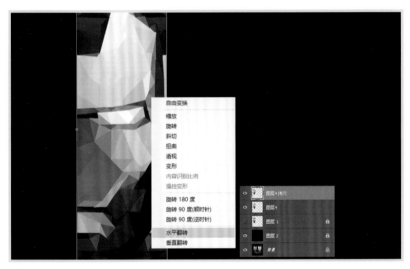

16 复制一个做好的效果图，先按快捷键"Ctrl"+"T"，再单击鼠标右键，在出现的菜单中选择"水平翻转"命令。

17 移动水平翻转后的图层，将两个图层对接成一个完整的效果图。

18 第一阶段完成效果如图所示。

 【裁剪工具】的使用方法

在 Photoshop 中，直线工具用来对图像进行裁切，重新定义画布的大小，快捷键是"C"。选择该工具后，在画面中单击并拖曳出一个矩形定界框，按下回车键，即可将定界框之外的图像裁切掉。

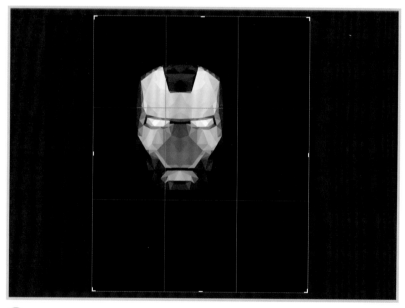

19 做海报之前裁剪一下图像大小。

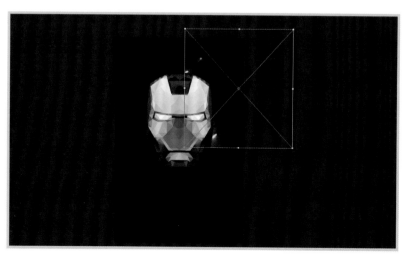

20 将背景素材拉入画布放在钢铁侠图层下方。

(21) 复制多张背景素材图，用它们拼成一个有光泽感的整体背景，并且合并所有背景图层。（合成背景时，中途会用到蒙版哦，忘了的读者去复习第一个操作案例吧。）

(22) 新建图层，用画笔工具在钢铁侠四周增加光照效果（画笔颜色吸取比背景更亮的红色，不透明度设置为 20%）。

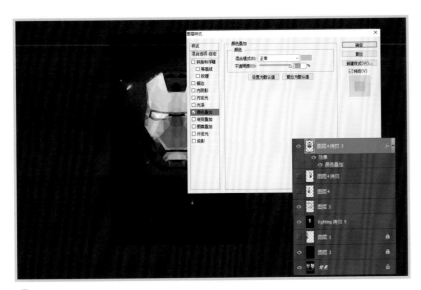

(23) 制作效果光 1：复制一遍做好的钢铁侠图层，双击出现"图层样式"对话框，勾选"颜色叠加"，"混合模式"为正常，演示颜色为 #edc622，然后单击"确定"按钮。

 【画笔工具】的使用方法

打开 Photoshop 软件，左侧工具箱内可以找到画笔工具，快捷键为"B"。

画笔工具类似于传统的毛笔，它使用前景色绘制线条。画笔不仅能够绘制图画，还可以修改蒙版和通道。

画笔下拉面板：

单击下拉箭头可以打开画笔下拉列表，在面板中可以选择笔尖，设置画笔的大小和硬度参数。

模式：

在下拉列表中可以选择画笔笔迹颜色与下面的像素的混合模式。

不透明度：

用来设置画笔的不透明度，该值越低，线条的透明度越高。

流量：

用来设置当鼠标指针移动到某个区域上方时应用颜色的速率。在某个区域上方涂抹时，如果一直按住鼠标左键，颜色将根据流动速率增加，直至达到不同明度设置。

【画笔工具使用技巧】

❶ 按下"["键可以将画笔调小，按下"]"键可以将画笔调大。对于实边圆、柔边圆和书法画笔，按下"Shift"+"["快捷键便可以减小画笔的硬度，按下"Shift"+"]"快捷键可以增加硬度。

❷ 按下键盘中的数字键可以调整画笔工具的不透明硬度。例如，按下"1"键，画笔不透明度为10%。

❸ 使用画笔工具时，在画面中单击，然后按住"Shift"键单击画面中任意一点，两点之间会直接直线连接。按住"Shift"键还可以绘制水平线、垂直线或者斜线。

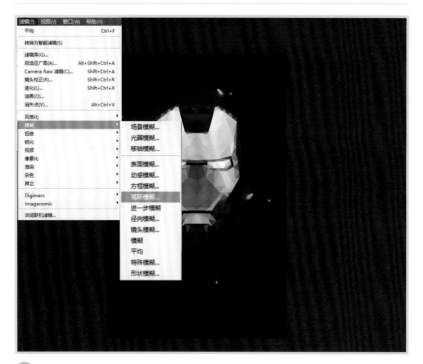

24 制作效果光 1：选中刚才的图层，执行"滤镜 > 模糊 > 高斯模糊"命令（演示数值为 5.5）。

25 制作效果光 2：再复制一遍钢铁侠图层，将复制的图层放在上一步制作完效果的图层下方，双击出现"图层样式"对话框，勾选"颜色叠加"，"混合模式"为正常，演示颜色为 #ad2901。

 【颜色叠加】的使用方法

"颜色叠加"效果可以在图层上叠加指定的颜色，通过设置颜色的混合模式和不透明度，可以控制叠加效果。

 【高斯模糊】的使用方法

"高斯模糊"滤镜可以增加低频细节，使图像产生一种朦胧的效果。我们经常使用高斯模糊做阴影或者发光等特效。通过调整"半径"值可以设置模糊的范围。

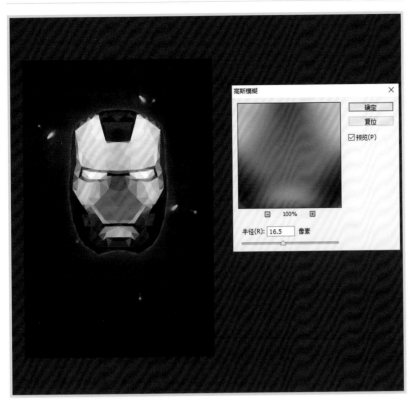

26 制作效果光 2：再执行高斯模糊，这次的参数调大一些（演示数值为 16.5）。

27 打开字母 PSD 素材，将字母统一拖入画布，并调整大小和边距，制作完成。

VEXEL ART
层次插画

特别有意思的是 "vexel" 这个词是在 2003 年 6 月才被创造出来的。 我们肯定知道 "vector" 的意思是矢量， "pixel" 的意思是像素， "vexel" 其实就是矢量和像素之间的交叉混合词。下面我要介绍的这个 vexel 艺术风格一直被艺术家们争议不休，有人说这种绘画风格应该属于矢量插画，有人认为应该是光栅图像像素插画，这么一个独特的风格就被定义为 vexel。

vexel 艺术是以多层次的形状生成的图像，图层的多少由艺术家自己定夺。层次越少，vexel 的风格化和艺术感越明显；层次越多，作品越趋于写实主义。当然你可以用 Illustrator 或者 Photoshop 来制作。

色彩上，这种风格在大面积主体上会限制用色。一般以同个色调不同饱和度的相似颜色上色，使肖像从远观更像是被平滑渲染成渐变。当然为了作品的最终效果，艺术家经常会在局部用更大胆的对比色或者明亮渐变来让画面感更强烈。

NOW, LET'S DO IT!
层次插画实战

1 将素材拖入 Photoshop 操作界面中打开。在制作这个案例的时候，对图片的要求是：

A. 图片要够大；B. 图片原图可以不是黑白色，但是要有中间色，不能太亮或者太暗，对比度不要太强。如果你所练习的素材是彩色图片，初学者请先进行去色操作，快捷键是"Ctrl"+"Shift"+"u"

2 使用钢笔工具进行抠图。有直角的地方就不要过多拖曳，直接单击进行连接就好。需要弧度的话，就需要拖曳。钢笔抠图没有过多的羽化效果。（之所以选择钢笔抠图而不是其他抠图方式，是因为最终效果是插画类型，需要明显的边缘。）在操作中需要移动画布的话，只需按住空格键让鼠标指针变为小手标志时直接拖曳即可。

3 使用钢笔工具将需要抠取的部分全部选择出来，效果如图所示。

 【钢笔工具】的使用方法

打开 Photoshop 软件，左侧工具箱内可以找到钢笔工具，快捷键为"P"。

钢笔工具主要有两种用途：
第一，绘制矢量图形；第二，选取图像。在作为选取工具使用时，钢笔工具描绘的轮廓光滑、准确。将路径转化为选区就可以准确地选择对象。

使用钢笔工具绘制曲线时：
首先在画面中单击创建一个平滑点，再将鼠标指针移动到下一处的位置上，单击鼠标并向下拖动鼠标指针，创建第二个平滑点。在拖动的过程中可以调整方向线的长度和方向，进而影响由下一个锚点生成的路径的走向。因此，要绘制好曲线，就需要控制好方向线。

【将原有素材图片去色】的介绍

去色的目的是让图片变成灰白黑的图片，可以帮助初学者对图中的色彩的由浅到深有更好的理解，在接下来填充颜色的时候，能有更好的控制能力。

④ 单击鼠标右键，在弹出的菜单中选择"建立选区"命令建立选区。

⑤ "羽化半径"设为 0, 因为前面讲到这个设计作品需要有明显的边缘, 所以不需要羽化值。

⑥ 单击"确定"按钮后出现蚂蚁线。

7　在出现蚂蚁线后先后按快捷键 "Ctrl" + "C" 和 "Ctrl" + "V"，复制图层（此时复制出的图层的展示效果即抠出图的效果），复制后自动出现一个新的图层。

8　由于本案例素材拍摄的细节感太强而不利于之后风格的处理，因此需要调整一下亮度。将刚才复制的图层再复制出一个新图层，专门为了调整亮度使用，方便之后修改。选中复制的图层单击下面的调整图层样式图标，选择"亮度 / 对比度"，多加一些曝光，减少一些对比。数值根据参考图为准，"亮度"为 27，"对比度"为 −39。效果如图所示，对比之前的原图，发现图片整体被提亮了，黑白的对比度也降低了。

⌨ 【亮度 / 对比度调整层】的使用方法

在 Photoshop 中，右下角处有增加亮度 / 对比度调整层的图标。按下之后会出现一个新的带蒙版的"亮度 / 对比度"调整层。

"亮度 / 对比度"命令的操作比较直观，但是使用此命令调整图像时，容易导致图像细节流失，所以在使用时要防止调整过度。和色彩平衡一样，这个工具提供一般化的色彩校正。

亮度：亮度是人对光的强度的感受。

对比度：对比度是指一幅图像中，明暗区域中最亮的白色和最暗的黑色之间的差异程度。明暗区域的差异范围越大，代表图像对比度越高。

9　将图中所示的两个图层选中并复制，再选中刚才复制出的两个图层，按快捷键 "Ctrl" + "E"，进行合并图层操作，如图所示。

10 选择"滤镜 > 滤镜库 > 木刻 > 艺术效果 > 数值"命令，弹出设置面板。"色阶数"
设置为从最亮到最暗有 5 个颜色；"边缘简化度"的数值越大细节流失越多，
数值越小保留细节越多，这里设置为 1；"边缘逼真度"设置为 1。

11 木刻值效果如图所示。

12 给图片上色。添加渐变映射调整图层，选择"窗口 > 属性"命令，将"属性"
面板调出来。要添加渐变映射数值如图，可双击渐变条。变色条上要有 5 个
颜色，因为我们上一步中色阶数设置的是 5 个，所以此步骤和上一步的颜色
个数要保持一致。

💡 **为什么要复制合并图层？**

下一步要添加滤镜效果，这个操作会对图片造成一部分改动
损失，并且损失是不可逆的，所以为了方便后期修改，要复
制合并图层，这是一个很好的职业习惯。

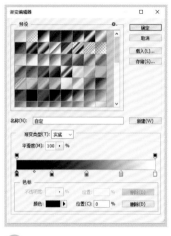

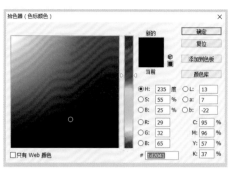

13 添加渐变映射数值，如图所示，在渐变条上位置为 0% 处双击，修改数值，演示色值为 #1d2041。

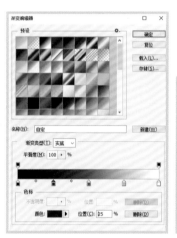

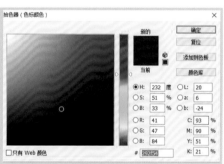

14 在渐变条上位置为 25% 处双击，修改数值，演示色值为 #292f54。

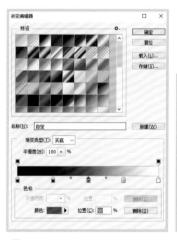

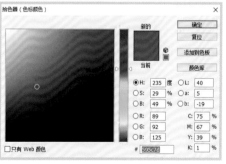

15 在渐变条上位置为 50% 处双击，修改数值，演示色值为 #595c7d。

【渐变映射】调整图层介绍

"渐变映射"命令可以将图像转化为灰度，再用设定的渐变色替换图像中的各级灰度。如果指定的是双色渐变，图像中的阴影就会映射到渐变填充的一个端点颜色，高光则映射到另外一个端点颜色，中间调应设为两个端点颜色之间的渐变。

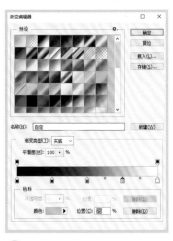
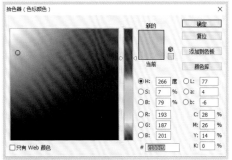

16　在渐变条上位置为 75% 处双击，修改数值，演示色值为 #c1bbc9。

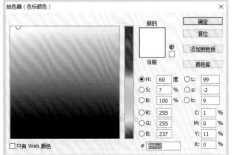

17　在渐变条上位置为 100% 处双击，修改数值，演示色值为 #ffffed。

18　效果如图所示，原图暗的地方是紫色，亮的地方是鱼肚白色。

19 现在我们停下来对图像进行优化。这个时候我们发现人物的左眼处理得不够
完善，层次不如右眼分明，也丢失了很多细节。因此我们下一步就是要对眼
睛进行调整。

20 用鼠标单击选中没有做过任何操作的原图层，选用多边形套索工具，将人物
的左眼选取出来。依次按快捷键"Ctrl"+"C"和"Ctrl"+"V"复制出
新的图层，这是选取出来的左眼的复制图层，将其命名为"左眼睛"，并将
该图层放在渐变映射调整图层的下方。

21 对左眼睛图层做一遍前面所做过的木刻滤镜操作，效果如图所示。

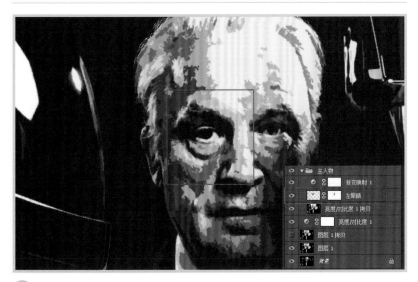

【Psotoshop 木刻滤镜】的使用方法

色阶数：

数值越高，所用的颜色就越多，细节就会更丰富。低数值适合用来做出抽象的效果。

边缘简化度：

该参数用于控制边缘细节程度，从而控制图像的逼真度，也可以控制边缘的锯齿大小的程度。

边缘逼真度：

该参数也用于控制图像的边缘，但它调节边缘与原图的契合度。

22 将图片放大，我们会发现新加入的左眼睛和整体融合得不是很好，所以针对这个问题进行下一步的调整。

23 给左眼睛图层增加蒙版，选用黑色柔边画笔，不透明度和流量都是 100%，在图层处用鼠标选中白色蒙版，用画笔工具在融合不好的边缘画一下（在蒙版中使用画笔，黑色是遮罩效果，白色是显示效果），效果如图所示。

24 为了使整个画面的颜色丰富，对头盔进行单独上色。用钢笔工具选出头盔。使用钢笔抠图的方法参照前面的讲解。

25 希望玻璃面罩的颜色和头盔的颜色不同，让最终的画面更加丰富，因此再将玻璃面罩用钢笔工具抠出来，生成选区出现蚂蚁线。

26 给头盔图层添加蒙版，单击选中添加的蒙版，按快捷键"Ctrl"+"I"反选该蒙版，此时选区效果如图所示。（此步骤只是作为讲解，作为观察用，实际制作时不会自动出现此效果。）

27 将选取出的头盔图层放在整体图层的最上面，效果如图所示。只给头盔添加渐变映射调整图层。

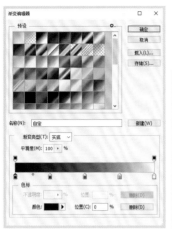
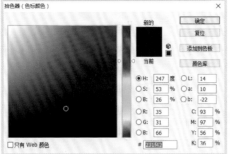

28 添加渐变映射数值，渐变条上位置为 0% 处双击，修改数值，演示色值为 #231f42。

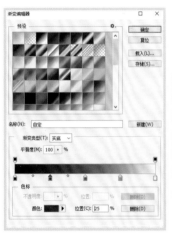
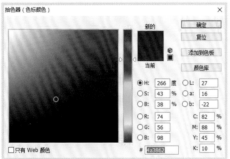

29 在渐变条上位置为 25% 处双击，修改数值，演示色值为 #4a3862。

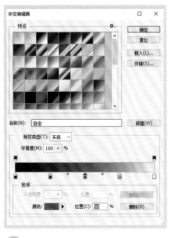
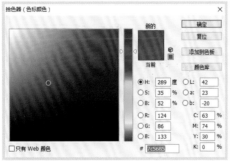

30 在渐变条上位置为 50% 处双击，修改数值，演示色值为 #7c5685。

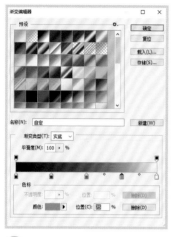
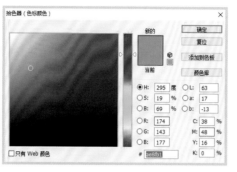

31 在渐变条上位置为 75% 处双击，修改数值，演示色值为 #ae8fb1。

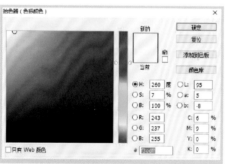

32 在渐变条上位置为 100% 处双击，修改数值，演示色值为 #f3edff。

33 此时我们只希望该渐变映射对头盔产生作用，而不是整体画布。

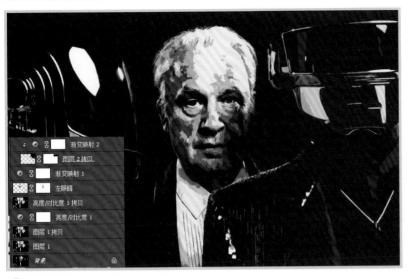

34 单击选中渐变映射图层，右键创建剪贴蒙版即可（保证渐变映射图层下方是头盔图层）。图层前方出现一个向下的小箭头，说明该图层蒙版只针对下面的图层使用效果，如图所示。

35 使用同样的方法将另外一个头盔也进行调整操作，效果如图所示。此时给图层编组，培养良好的设计习惯。

36 增加反光点：使用柔边黑色画笔工具，不透明度为100%，流量为100%，在反光点位置点一个黑色的点。

【渐变编辑器】的使用方法

单击渐变色条，则会弹出"颜色渐变器"对话框，在"颜色渐变器"中可以编辑渐变颜色，或者保持渐变。

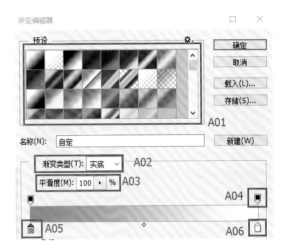

A01：为渐变映射的预设，用鼠标单击渐变方块，就可以应用该渐变映射，还可以通过预设右上方的小三角，以及"载入"和"存储"按钮来读取和保存自定义的预设。

A02：渐变类型有两种，一种"实底"，另一种"杂色"。"杂色"的渐变是随机生成的，一般用于比较炫目的特效制作。

A03：平滑度的设定可以适当增强图像的对比度，需要处理一些很细微的变化时，可以尝试调整平滑度。

A04：不透明度色标，用于设定渐变的不透明度。当不透明度为100%时，该不透明度色标下的颜色为实色；当不透明度为0%时，该不透明度色标下的颜色为透明色；当不透明度为50%时，该不透明度色标下的颜色为半透明色，以此类推。不透明度色标可以左右滑动，设定不透明度的渐变点，也可以在两个不透明度色标之间单击，添加新的不透明色标点。

A05：左边色标点。

A06：右边色标点。

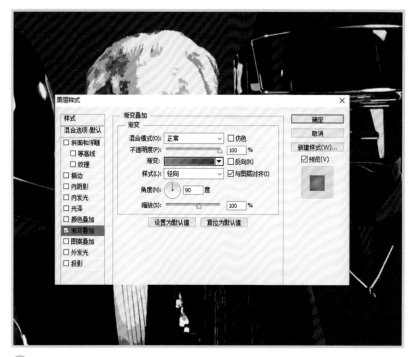

37 双击刚才新建的反光点图层，添加图层样式，调整一下颜色渐变的色值，"样式"选择径向，"角度"设为 90 度。

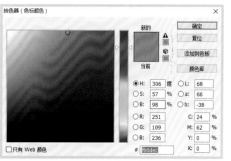

38 在渐变条上的位置 14% 处双击，修改数值，演示色值为 #fb6dec。

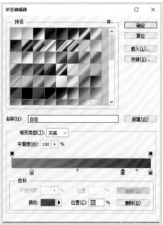
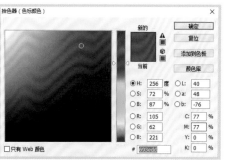

39 在渐变条上的位置 80% 处双击，修改数值，演示色值为 #693edd。

清晰的图层结构管理者 –【图层组】

随着图像的深入编辑，图层的数量会越来越多，用图层组来组织和管理图层，可以使"图层"面板中的图层结构更加清晰，也便于我们查找图层。

图层组类似于文件夹，将图层按照类别放在不同的组中后，当关闭图层组时，在"图层"面板中就只显示图层组的名称。

图层组可以像普通图层一样移动、复制、链接、对齐和分布，也可以合并，以减小文件的大小。

如果要将多个图层创建在一个图层组内，要先选中这些图层，然后按下快捷键"Ctrl"+"G"。

如果要取消图层组，但要保留组中的图层，就应选中该图层组，然后按下快捷键"Shift"+"Ctrl"+"G"。

【渐变叠加】对话框

渐变：渐变色条中显示了当前的渐变颜色，单击它右边的下拉三角，在打开的下拉列表中可以选择一个预设的渐变。如果直接单击渐变色条，则会弹出"渐变编辑器"，在其中可以编辑渐变颜色，或者保持渐变。

样式：用来设置渐变的不同效果。

角度：可以指定应用渐变时使用的角度。

缩放：可以调整渐变的大小。

仿色：对渐变应用仿色减少带宽，使渐变效果更加平滑。

反向：可以反转渐变的方向。

与图层对齐：使用图层的定界框来计算渐变填充，使渐变与图层对齐。

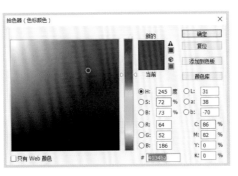

【混合模式：滤色】介绍

滤色模式：

此模式下，图像中的黑色会被较亮的像素替换，而任何比黑
色亮的像素都可能加亮底层图案。它可以使图像产生漂白的
效果，类似于多个摄影幻灯片在彼此上投影。

40 在渐变条上的位置 100% 处双击，修改数值，演示色值为 #4034ba。

41 效果如图所示。

42 复制一个反光点图层，将图层叠加模式改为滤色。（此时可以给海报加一个
底色，色值为 #484848，新建一个图层，使用油漆桶工具单击上色。将背
景图层置于人物图层的下方，效果如图所示。）

43 根据个人喜好，可以再多加一些反光点，放置在不同的位置。

⌨ 【混合模式：变亮】介绍

变亮模式：

利用变亮模式可以查看每个通道的颜色信息，并按照像素对比两个颜色，哪个更亮，便以哪种颜色作为此像素最终的颜色，也就是取两个颜色中的亮色作为最终色。绘图色中亮于底色的颜色被保留，暗于底色的颜色被替换。

44 用柔边画笔工具添加一个蓝色的反光点图层，画笔色值为 #0048ff，图层叠加模式为变亮，不透明度进行调整。画在人物肩膀处，效果如图所示。

45 新建一个图层，用钢笔工具绘制水波纹，尽量使线条保持圆滑。

46 绘制完成后单击鼠标右键建立选区，用油漆桶工具填色，什么颜色都可以，
后期还会进行调整。

47 用油漆桶工具填色后的效果如图所示。

48 新建图层，再绘制一个颜色的水波纹。

49 再新建图层，再绘制出第三个颜色的水波纹。

50 双击第一个水波纹图层，调出调整面板。"样式"设置为线性，"角度"设置为 0 度，其他属性保持默认值。

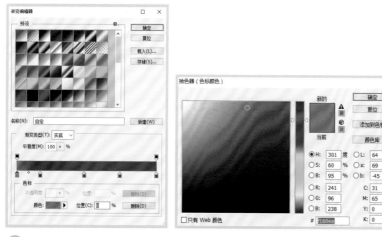

51 在渐变条上的位置 0% 处双击，修改数值，演示色值为 #f160ee。

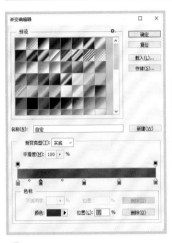
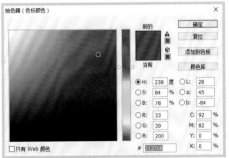

52 在渐变条上的位置 17% 处双击，修改数值，演示色值为 #2127c8。

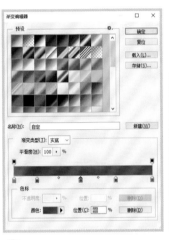
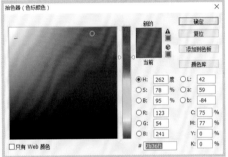

53 在渐变条上的位置 48% 处双击，修改数值，演示色值为 #7b36f1。

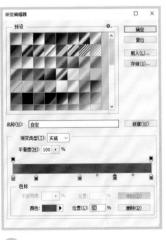
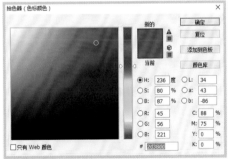

54 在渐变条上的位置 74% 处双击，修改数值，演示色值为 #2d38dd。

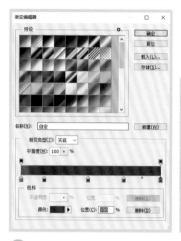
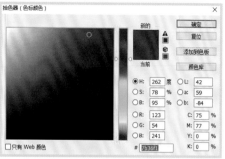

55 在渐变条上的位置 100% 处双击，修改数值，演示色值为 #7b36f1。

56 第一条波纹制作完成，效果如图所示。

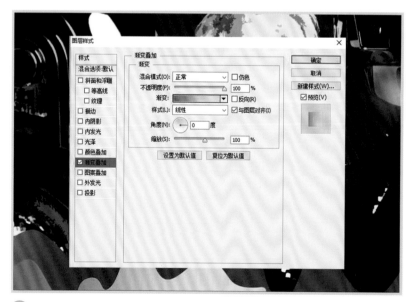

57 双击第二个水波纹，调出调整面板。"样式"设置为线性，"角度"设置为 0 度，其他属性保持默认值。

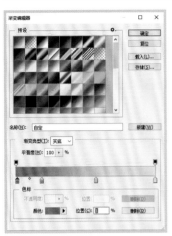

58 在渐变条上的位置 1% 处双击，修改数值，演示色值为 #fd71e6。

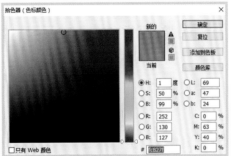

59 在渐变条上的位置 18% 处双击，修改数值，演示色值为 #fc827f。

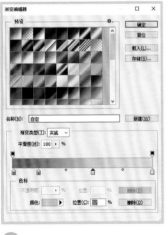
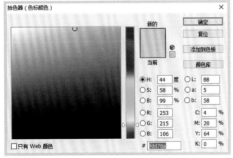

60 在渐变条上的位置 57% 处双击，修改数值，演示色值为 #fdd76a。

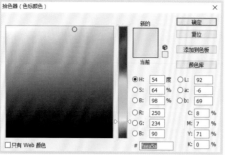

61 在渐变条上的位置100%处双击，修改数值，演示色值为 #faea5a。

62 第二条波纹制作完成，效果如图所示。

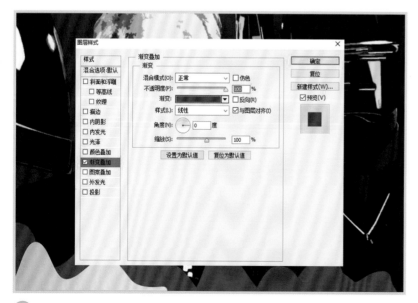

63 双击第三个水波纹，调出调整面板。"样式"设置为线性，"角度"设置为0度，其他属性保持默认值。

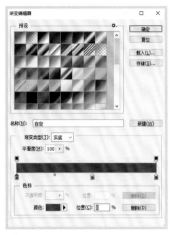
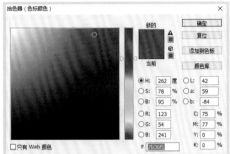

64 在渐变条上的位置 0% 处双击，修改数值，演示色值为 #7b36f1。

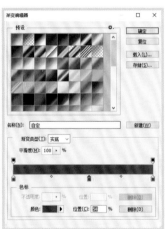
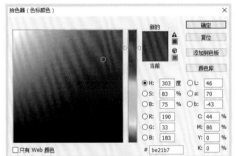

65 在渐变条上的位置 54% 处双击，修改数值，演示色值为 #be21b7。

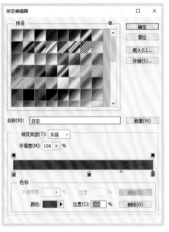
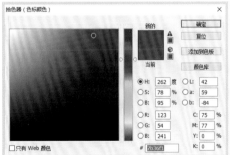

66 在渐变条上的位置 100% 处双击，修改数值，演示色值为 #7b36f1。

118

67 第三条波纹效果制作完成。如果有顺色的地方，或者位置不好的地方，可以再进行微调，最终演示效果如图所示。

68 再用柔边画笔工具在最下面画一些反光点，图层混合模式改为叠加、强光、颜色等，都可以按照自己的喜好调整。演示效果如图所示。

69 经过一些微调，整体演示效果如图所示。

1980s RETRO WAVE
1980 年代复古浪潮

你可能听说过 "everything old can be new" 这句话，较好的中文翻译也许是 "一切老的事物可以再流行"。设计师喜欢把一些老的风格重新运用到新的创作上，展示出复古的味道。所以，在看惯了扁平化极简风格的今天，20 世纪 80 年代复古浪潮成为了设计视觉中一个明显出众的视觉风格，很受设计师和艺术家的追捧。它的色彩感和 20 世纪 80 年代的趋势也是我最喜欢的一种视觉风格。

既然这个风格定义为 20 世纪 80 年代复古浪潮，我们就要了解 80 年代最有影响力的事情。首先，是计算机！电脑和游戏在 80 年代开始为人所知。伴随着电影和电视中的计算机图形影像，开始映射到设计中。80 年代电子音乐也席卷全球。一句话，20 世纪 80 年代复古浪潮风格就是关于明亮的荧光色彩，霓虹灯和电子未来主义的场景，灵感来自于新的计算机技术。

20 世纪 80 年代复古风格是一种很独特的风格，它并不适合所有的创作目的，与其他时尚元素也不兼容。除了艺术家的个人艺术作品外，它比较适合超级英雄电影的相关视觉设计和雅达利风格游戏，以及电子、金属、地下音乐周边等。

下面我们来总结几个这种风格的代表特点，以便你在创作这种风格的作品时，使作品更加完善：

A.计算机技术主题可包含老式电脑和电视机，或者老式电脑／电视机故障图形；

B.干净、抽象的人体插画图形，而不是人脸；

C.明亮的彩色线条和网格；

D.几何形状与粗笔画；

E.像素风插图，这是受到早期的镜像电子游戏的影响；

F.霓虹灯风格，从霓虹灯到模拟霓虹灯的元素；

G.简单的动画不能移动得太快；

H.大量的自定义个性化字体，粗字体，字体使用大量的金属渐变，模仿当时流行的电子游戏和电影；

I.丰富的调色板有许多 "快乐" 的色调，如金黄色、橙色、红色和紫色色调；

J.拥有城市元素，如太阳、车、迈阿密的棕榈树和夜晚的商业大厦。

1　将建筑素材导入 Photoshop，使用钢笔工具将建筑部分抠出。

2　新建一个 900px×900px 的黑色画布，将已经抠好的建筑素材置入。

3　将星空素材导入画布。

 【修补工具】的使用方法

打开 Photoshop 软件，左侧工具箱内可以找到修补工具，快捷键为"J"。

修补：
源：指选区内的图像为被修改区域。
目标：指选区内的图像为去修改区域。

透明：
勾上此选项，再移动选区时，选区中的图像会和下方图像产生透明叠加。

使用图案：
在未建立选区时，"使用图案"按钮不可用。画好一个选区之后，图案被激活，首先选择一种图案，然后再单击"使用图案"按钮，可以把图案填充到选区当中，并且会与背景产生一种融合的效果。

4 将两个星空图层复制并合并成一个新的背景层（快捷键是"Ctrl"+"E"），以便后期修改。复制星空素材，并将它们叠加平铺放置在建筑素材后方。

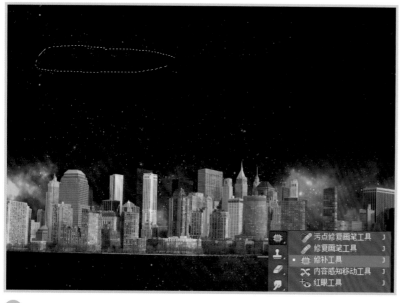

5 选择使用修补工具（使用修补工具之前要将图片栅格化），用修补工具将两个星空背景融合不好的地方进行修整。

6 星空背景融合效果如图所示。

⑦ 复制建筑图层。按快捷键"Ctrl"+"U",调出"色相/饱和度"对话框,将"饱和度"降到 0。

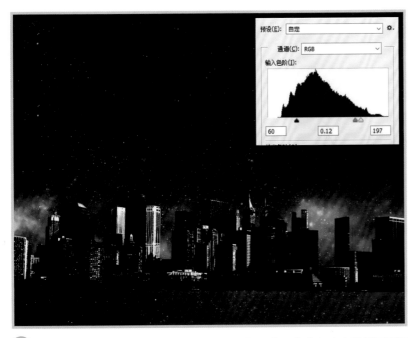

⑧ 因为去色后大面积是灰色,所以按快捷键"Ctrl"+"L"调出色阶设置面板拉动三角滑块来调整色阶,调整后的效果如图所示。

【色相/饱和度】的使用方法

打开 Photoshop 软件,执行"图像 > 调整 > 色相/饱和度"命令,可以打开对话框。快捷键为"Ctrl"+"U"。

编辑(A01):单击下拉三角,在下拉列表中可以选择想要调整的颜色。

图像调整工具(A02):选择该工具后,将鼠标指针放在要调整的颜色上,单击并拖动鼠标即可修改单击点颜色的饱和度,向左降低饱和度,向右增加饱和度。如果按住"Ctrl"键拖动鼠标指针,则可以修改色相。

色条(A03):上面的色条代表了调整前的颜色,下面的色条代表了调整后的颜色。

【色阶】的使用方法

色阶是 Photoshop 最为重要的调整工具之一,它可以调整图像的阴影、中间调和高光的强度级别,校正色调范围和色彩平衡,也就是说,色阶不仅可以调整色调,还可以调整色彩。打开色阶面板的快捷键是"Ctrl"+"L"。

通道:

可以选择一个颜色通道来进行调整。

输入色阶:

用来调整图像的阴影(左侧滑块)、中间调(中间滑块)和高光区域(右侧滑块)。可拖曳滑块或者在滑块下面的文本框中输入数值来进行调整。向左拖曳滑块,与之对应的色调会变亮;向右拖曳滑块,相应的色调会变暗。

9 　使用魔术棒工具，将黑色的部分选取出来，效果如图所示。

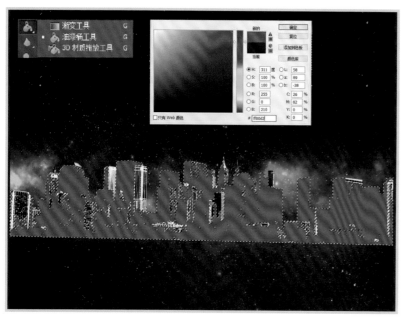

10 　给上一步选择出的房屋上色，先任意赋予一个色值 ff00d2，再选择油漆桶工具，新建一个透明图层，使用油漆桶工具给选中的部分上色，效果如图所示。

 【魔棒工具】的使用方法

打开Photoshop软件，左侧工具箱内可以找到矩形选框工具，快捷键为"W"。

魔棒工具是 Photoshop 中提供的一种比较快捷的抠图工具，对于一些分界线比较明显的图像，通过魔棒工具可以很快速地将图像抠出，魔棒的作用是可以知道你单击的那个地方的颜色，并自动获取附近相同颜色的区域，使它们处于选择状态。

容差：指你所选取图像的颜色接近度，也就是说容差越大，图像颜色的接近度就越小，选择的区域也就相对变大了。

连续：指你选择图像颜色的时候只能选择一个区域当中的颜色，不能跨区域选择，比如一个图像中有几个相同颜色的圆，它们都不相交，当我选择了"连续"，那么在一个圆中选择，就只能选择到一个圆；如果没选择"连续"，那么整张图片中的相同颜色的圆都能被选中。

用于所有图层：选中了这个选项，整个图层当中相同颜色的区域都会被选中；没选中的话就只会选中单个图层的颜色。

11　双击刚才填色的建筑图层，调出"图层样式"对话框，给建筑添加渐变叠加。

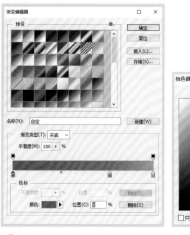
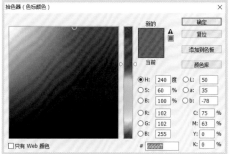

12　在渐变条上的位置 0% 处双击，修改数值，演示色值为 #6666ff。

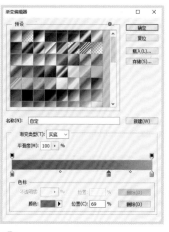
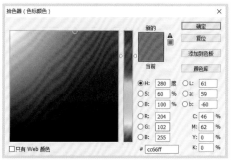

13　在渐变条上的位置 69% 处双击，修改数值，演示色值为 #cc66ff。

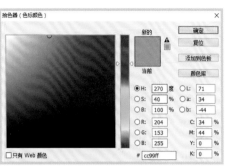

14 在渐变上的位置 100% 处双击，修改数值，演示色值为 #cc99ff。

 【混合模式：正片叠底】介绍

正片叠底：

当前图层中的像素与底层的白色混合时保持不变，与底层的
黑色混合时则被替换，混合结果通常会使图像变暗。

15 添加渐变叠加后将该图层混合模式改为柔光，"不透明度"改为 35%，"填
充设置为 100%，添加渐变映射后的效果如图所示。

16 复制一个添加渐变效果后的建筑图层，先将叠加模式改为正常，再单击鼠标
右键将图层栅格化，叠加模式改为正片叠底，效果如图所示。

17 由于上一步的操作颜色过黑，因此再使用魔术棒工具重新将黑色房屋选出，赋予蓝色，使用油漆桶工具给选中的部分添加蓝色，色值为 #001d87。

18 上一步添加颜色后，调整不透明度为 25%，效果如图所示。

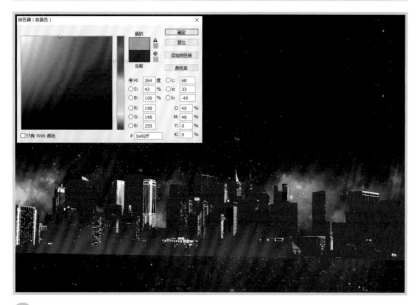

19 在刚才新建的蓝色建筑图层上新建一个图层，使用画笔工具添加更多颜色。给画笔工具赋的色值为 #be92ff，使用画笔工具，将不透明度调整到 36%，选中建筑的前提下，使用画笔工具画出过渡，使颜色不过于单一。

20 复制初始的建筑图层，并将上面添加的渐变叠加效果复制并使用在该图层上，颜色改为柔光，不透明度为 40%，并调整图层位置，效果如图所示。

21 你可以再做一些调整，使建筑的色彩最终达到个人要求为止，演示效果如图所示，后期还会根据整体效果微调。

先做大面，后期微调

做任何作品时，请不要跟任何的细节过于较真，否则会浪费太多时间，而且你的灵感可能一闪即逝。要先做大面，比如调色、位置和大小等，然后等所有内容创作完成后，再基于整体素材细心调细节、调色等步骤，产出最终效果。

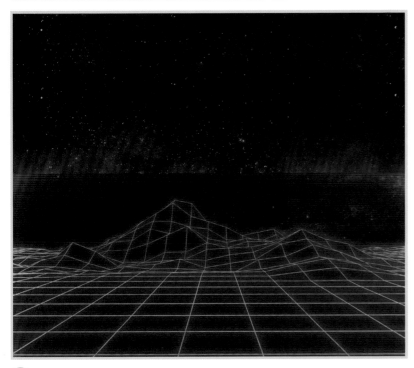

22 将映射格子置入画布，拖曳到适当大小，并将其图层至于最上方。

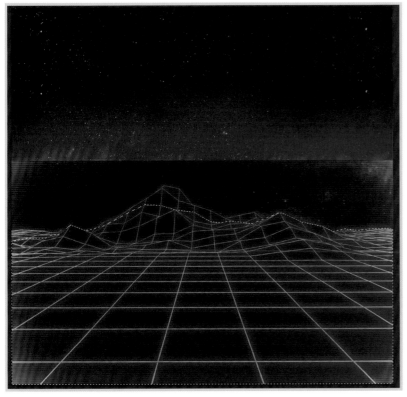

23 使用钢笔工具将需要的部分抠出。可以适当扣除掉不需要的部分。

24 整体效果如图所示。

25 将汽车素材使用钢笔工具抠出并置入画布。抠图过程不再赘述,钢笔工具的
使用方法请参照之前的案例教程。

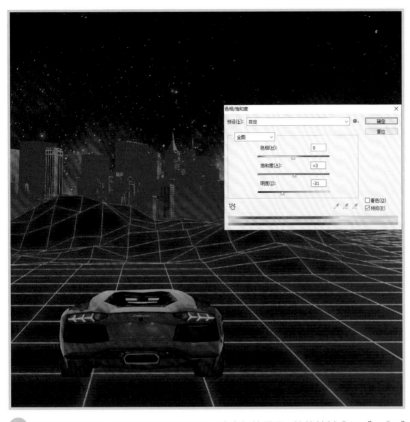

26 将车图层复制，在隐藏原图层情况下，选中新的图层，按快捷键"Ctrl"+"U"
调出色相 / 饱和度调整面板，将车的亮度压暗。

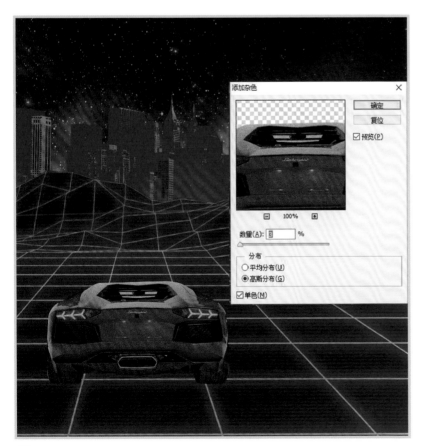

27 添加杂色：再复制一个车的图层，执行"滤镜 > 杂色 > 添加杂色"命令，添
加杂色，数值为 3。

【添加杂色】介绍

在 Photoshop 软件中，有一种滤镜叫做添加杂色滤镜，它能
够给图片添加一些随机的杂色点，并能将图中的因为羽化而
造成的条纹消除，也可以凸显复古效果。

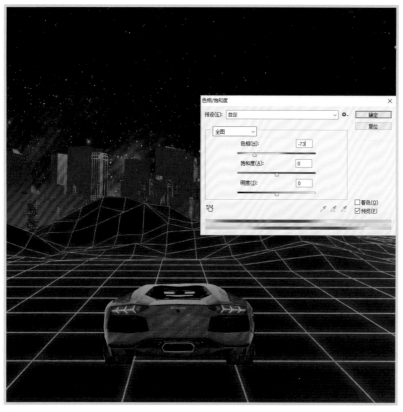

28 调整色相：再复制已经添加杂色的图层，按快捷键"Ctrl"+"U"调出色相
饱和度，将车的颜色改为更符合场景的紫色。

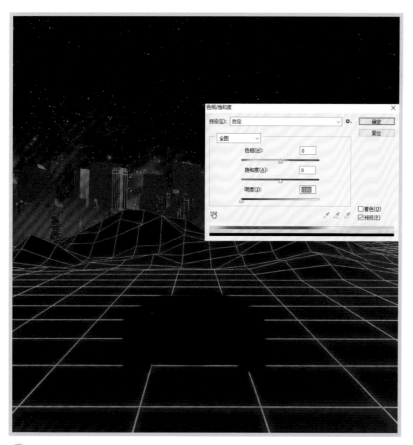

29 加阴影：复制紫色车图层，按快捷键"Ctrl"+"U"调出色相 / 饱和度面板，
将"明度"设置为 0，此时车变为了纯黑色。

31 将阴影图层至于紫色车图层的下方，连续按下方向键则会出现简单的正阴影效果。

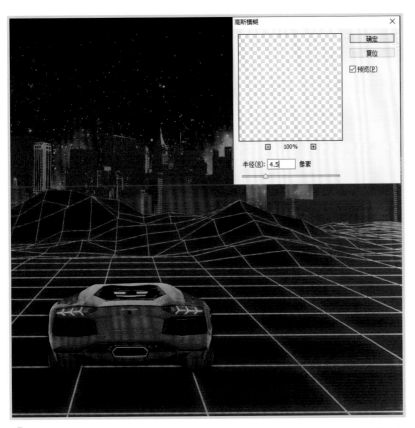

31 为了使阴影效果更加逼真，选中阴影图层，执行"滤镜 > 模糊 > 高斯模糊"命令，数值设为 5 左右。

32 高斯模糊后的效果如图所示。

33 车下半部分的细节太多会抢镜，处理方法是：在按住"Ctrl"键的情况下，用鼠标单击选中色紫色车图层，此时会出现蚂蚁线将整个车选中。新建图层，使用不透明度50%左右的柔边画笔工具，在新建的图层上画黑色掩盖一部分细节，效果如图所示。

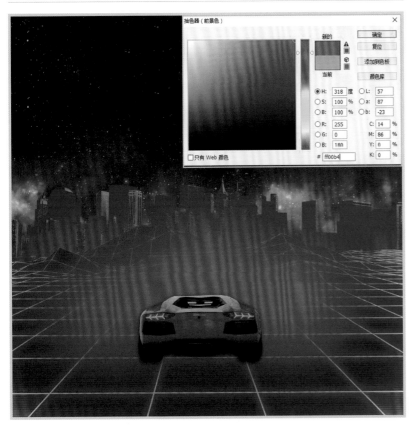

34 给地面提亮颜色：选择画笔工具，不透明度设置为 80% 左右，新建图层，
在图中的地面上用柔边画笔添加颜色，效果如图所示。根据整个画面的配色，
将画笔颜色选择为粉色系，色值为 #ff00b4。

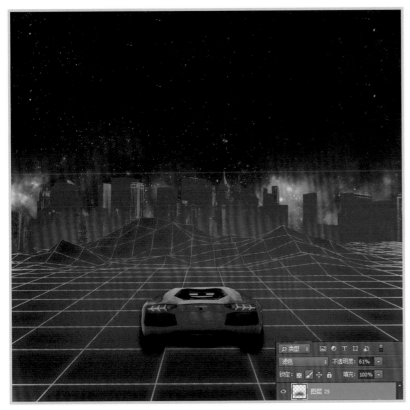

35 给地面提亮颜色：图层叠加改为滤色，"不透明度"设为 60% 左右，效果
如图所示。

【混合模式：线性减淡】介绍

线性减淡模式：

此模式下，在后台查看每个通道的颜色信息，并通过增加亮度使基色变亮以反映混合色，由混合色的亮度决定基色的亮度和反差。任何颜色与黑色复合，颜色会保持不变；任何颜色与白色复合，会产生白色。

36 给地面提亮颜色：使用黑色柔边画笔，"不透明度"设为 40% 左右，将近处的地面颜色适当压暗，拉出视觉层次。

37 调整小汽车：将紫色小汽车原图层进行复制，选择叠加效果为线性减淡，加强光感。

38 调整小汽车：向右移动上一步操作的新图层，出现重影效果。

39 调整小汽车：复制刚才的图层，向反方向移动，两侧都出现了重影的效果。

【颜色叠加】的使用方法

"颜色叠加"的效果可以在图层上叠加指定的颜色,通过设置颜色的混合模式和不透明度,可以控制叠加效果。

40 给小汽车加尾灯:选择椭圆工具(快捷键是"U"),在小汽车尾部画一个小椭圆形(图中演示为左尾灯)。

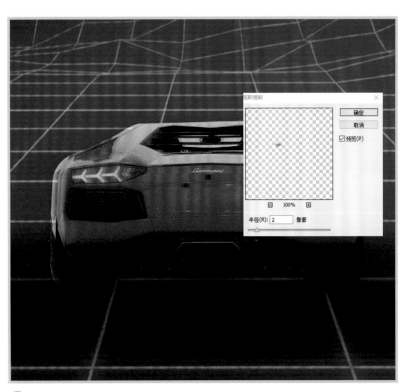

41 给小汽车加尾灯:给椭圆形小尾灯进行高斯模糊操作,数值在 2 左右即可。

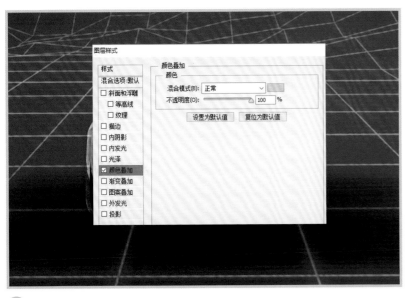

在 Photoshop 中，鼠标单击选中想要复制的图层内容，按住
"Alt"键鼠标指针会自动变成两个重叠的小三角，此时表示
图层可以被复制，在此同时按住"Shift"键再拖动鼠标指针，
便可将复制后的内容进行水平移动。

42 给小汽车加尾灯：双击尾灯图层，调出"图层样式"面板，选择颜色叠加，
颜色叠加数值为 #ffd200。

43 给小汽车加尾灯：经过上一步的处理，尾灯效果如图所示。

44 给小汽车加尾灯：鼠标单击选中刚才的尾灯，按住"Alt"键同时按住"Shift"
键将尾灯复制并拖动到另外一个对应的位置，如图所示。

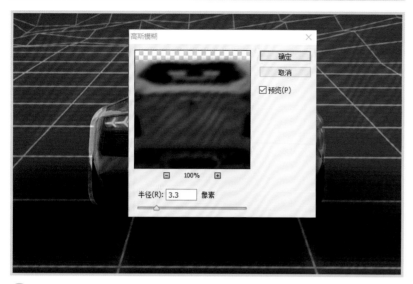

45 给车加光晕感：将紫色车图层复制一份，对其使用高斯模糊效果，并将该图层置于上一步重影效果的下方。

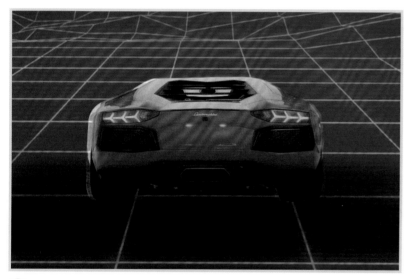

46 给车加光晕感：对其使用高斯模糊后的效果如图所示。

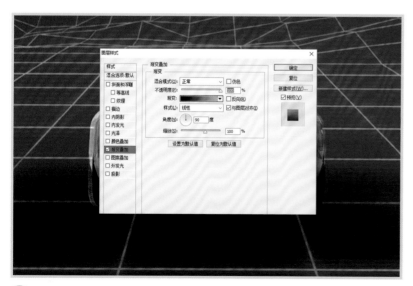

47 给车加光晕感：双击上一步加了高斯模糊的图层，调出"图层样式"面板给该图层添加渐变叠加效果。

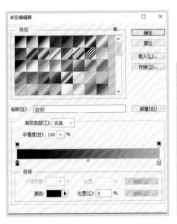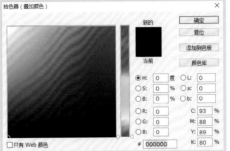

48 在渐变条上的位置 0% 处双击，修改数值，演示色值为 #000000。

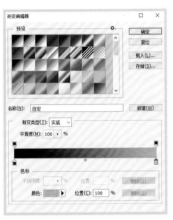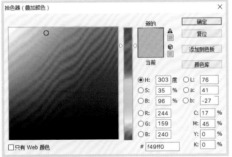

49 在渐变条上的位置 100% 处双击，修改数值，演示色值为 #f49ff0。

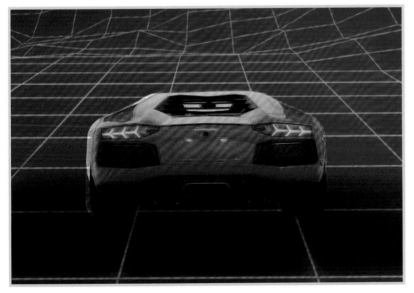

50 给车加光晕感，效果如图所示。

【直线工具】的使用方法

在 Photoshop 中，直线工具用来创建直线，快捷键是"U"。选择该工具后，单击鼠标并拖动鼠标指针可以创建直线或线段。按住"Shift"键可以创建水平、垂直或以 45°角为增量的直线。它的工具栏中包括了线段的填充颜色、描边和粗细的选项。

51 给车加行驶线：选择使用直线工具，快捷键是"U"，粗细为 3 像素，颜色为白色，效果如图所示。注意行车轨迹图层一定要在车图层的最下方。

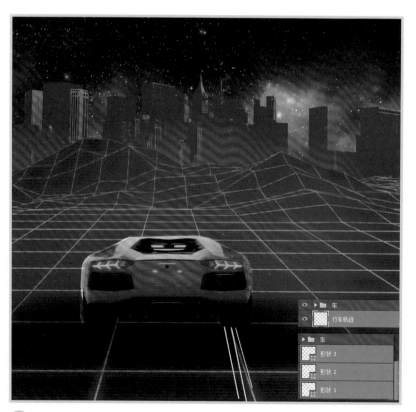

52 给车加行驶线：效果如图所示，注意行车轨迹图层一定要在车图层的最下方，如果出现 3 个形状图层，则按快捷键"Ctrl"+"E"将其合并，命名为"行车轨迹"。

53 给车加行驶线：两侧分别加入行车线。

【动感模糊】的使用方法

动感模糊滤镜可以根据需要沿着指定方向，以指定强度模糊图像，产生的效果类似于以固定的曝光时间给一个移动的对象拍照。在表示对象的速度感时会经常用到该滤镜。

角度：
用来设置模糊的方向，可以输入角度数值，也可以拖曳指针来调整角度。

距离：
用来设置像素移动的距离。

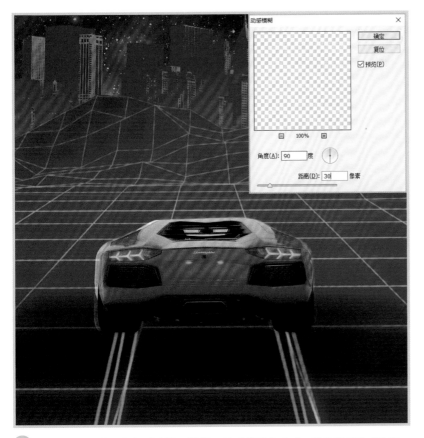

54 给车加行驶线：执行"滤镜>模糊>动感模糊"命令，数值角度为 90 度，距离为 30 像素。

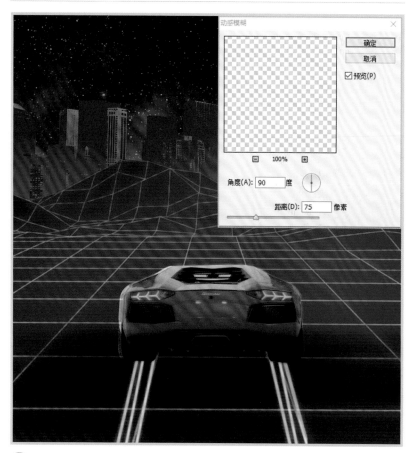

55 给车加行驶线：为了加强光感，将行车轨迹图层再复制一遍，进行动感模糊，"角度"设为90度，"距离"设为75像素，效果如图所示。

56 给车加行驶线：双击第一条行车轨迹，调出"图层样式"面板进行颜色叠加，叠加色值为#cf0189。

57 颜色叠加效果如图所示。

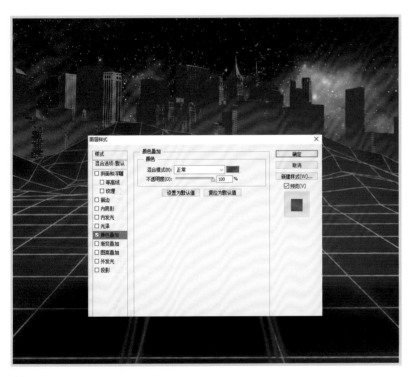

58 给车加行驶线：双击第二条行车轨迹，调出"图层样式"面板进行颜色叠加，叠加色值为#f211a5。

59 行车线完成，效果如图所示。

60 给楼层增加竖光：选择蓝色，色值为#004eff，选用直线工具，改变模式为像素，粗细为 3 像素，绘制楼房的明显边缘，效果如图所示。

61 给楼层增加竖光：选择蓝色，色值为#004eff，选用线条工具，改变模式为像素，粗细为 1 像素，绘制空隙处，效果如图所示。

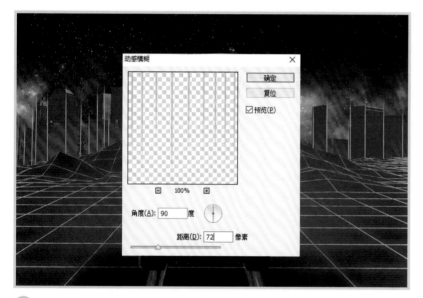

62 给楼房粗线条增加动感模糊，执行"滤镜 > 模糊 > 动感模糊"命令，"角度"设为 90 度，"距离"设为 72 像素，本案例调整了不透明度在 70% 左右，效果如图所示。

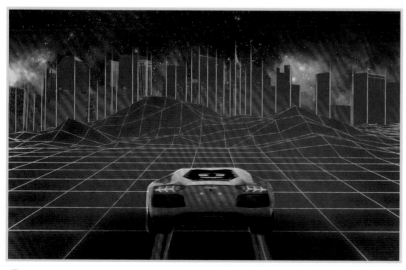

63 针对粗线条添加动感模糊滤镜，效果如图所示。

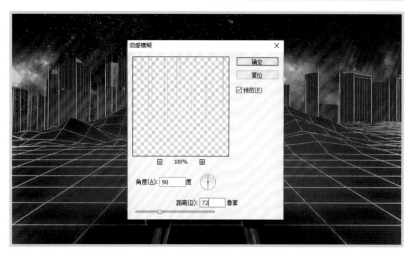

64 给楼房细线条增加动感模糊，执行"滤镜＞模糊＞动感模糊"命令，在对话
框中将"角度"设为90度，"距离"设为72像素，本案例调整了不透明
度在50%左右，效果如图所示。

65 针对细线条添加动感模糊滤镜，效果如图所示。

66 增加层次，选用5像素的直线工具，绘制一个大的粉色光束，色值为#ff007e。

67　增加动感模糊滤镜，"角度"设为 90 度，"距离"设为 250 像素，调整不透明度为 60% 左右，效果如图所示。

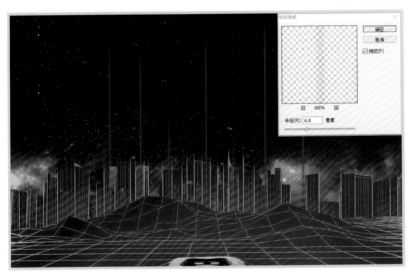

68　复制一个上一步操作的图层，对新复制出的图层增加高斯模糊，"半径"设为 6.8 像素，调整不透明度到 80%，以进一步增加光晕感，效果如图所示。

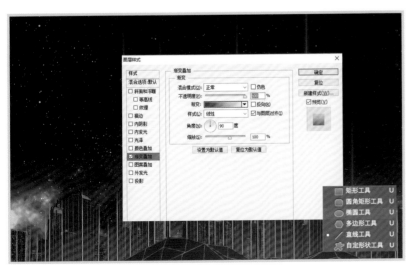

69　制作太阳：选择椭圆形工具，快捷键是"U"，按住"Shift"键画一个圆形。

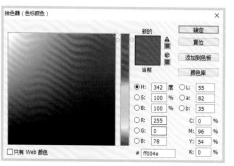

70 在渐变条上的位置 0% 处双击，修改数值，演示色值为 #ff004e。

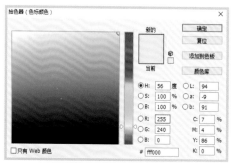

71 在渐变条上的位置 100% 处双击，修改数值，演示色值为 #fff000。

72 制作太阳：完成效果如图所示。

73 制作太阳：选用矩形工具，选择形状，矩形的高度以倍数阶梯型增长即可，演示以 5 的倍数增加。有一个绘制的小技巧：将第一个和最后一个矩形框定好位置后，按水平分布。

74 制作太阳：按住 "Ctrl" 键后，鼠标单击选中矩形格子图层，这时会出现蚂蚁线将矩形格子选中。

75 制作太阳：将矩形格子图层前的小眼睛图标关闭（也就是将图层隐藏），选中太阳图层，按 "Delete" 键，此时效果如图所示。

 【内 / 外发光】的使用方法

外发光 - 效果可以沿图层内容的边缘向外创建发光效果。

杂色：在发光效果中添加随机杂色，使光晕呈现颗粒感。

方法：用来设置发光的方法，以控制发光的准确程度。

扩展：用来设置发光范围的人小。

大小：用来设置光晕范围的大小。

内发光 - 效果可以沿图层内容的边缘向内创建发光效果。内发光效果中除了 "源" 和 "阻塞" 外，其他大部分效果都与外发光相同。

源：用来控制发光光源的位置。

阻塞：用来在模糊之前收缩内发光的杂边边界。

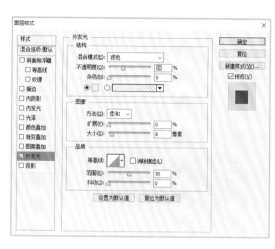

76 制作太阳：双击太阳图层调出"图层样式"面板，选择"外发光"，"混合模式"设为柔光，"不透明度"设为34%，颜色色值为#ffff00，效果如图所示。

调整前

调整后

77 调整细节 – 地面：近地面的颜色略浅，因此新建一个透明图层，再用不透明度30%的黑色柔边画笔进行调整。调整前后的效果如图所示。

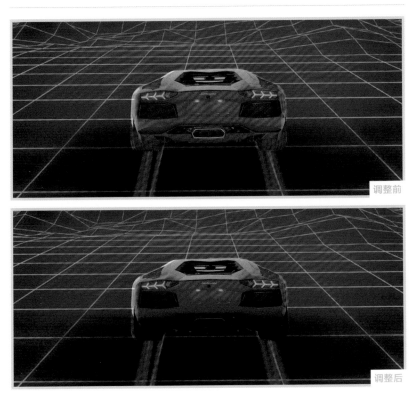

78 调整细节 – 车：调整前，车的整体颜色看起来有些过粉，按快捷键"Ctlr"+"U"
调出"色相 / 饱和度"面板，将车的颜色再调整得稍微偏紫色一些。

79 调整细节 – 布局：拉好地面以及中心参考线，调整整个画面元素布局。

80 调整细节 – 星空背景：在背景星空与楼宇相交的地方进行处理，要新建图层，将其置于楼宇背景图层后、星空图层前，使用粉色柔边画笔进行绘制，绘制后图层混合模式变为变亮。

81 整细节 – 星空背景：在背景星空与楼宇相交的地方进行处理，要新建图层，将其置于楼宇背景图层后、星空图层前，使用蓝色柔边画笔进行绘制，绘制后图层混合模式变为变亮。

82 调整细节 – 星空背景：在背景星空与楼宇相交的地方进行处理，要新建图层，将其置于楼宇背景图层后、星空图层前，使用紫色柔边画笔进行绘制。

83 调整细节 – 星空背景：绘制紫色后图层混合模式变为滤色，不透明度变为48%左右。

84 添加文字：建议使用粗体的无衬线字体，文字是 CAR RACER。

文字编辑技巧

调整文字大小：选取文字后，按住快捷键"Shift"+"Ctrl"并连续按 > "键"，能够以 2 点为增量将文字调大；按快捷键"Shift"+"Ctrl"+"<"，则以 2 点为增量将文字调小。

调整字间距：选取文字后，按住"Alt"键并连续按下左箭头键和右箭头键可以减小和增加字间距。

调整行间距：选取文字后，按住"Alt"键并连续按下上箭头键和下箭头键可以增加和减少行间距。

字体选择编辑定律

整个设计中字体的颜色最好不要超过三种，字体最好不要超过三种，字体家族最好不要超过两个。功能不同的文字可以用不同的字体区分开。

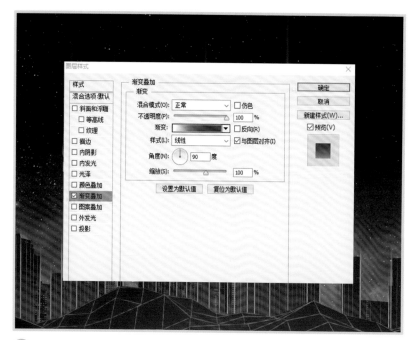

85 添加文字：将字体栅格化变为图形，双击该文字图层，调出"图层样式"面板，勾选"渐变叠加"选项。

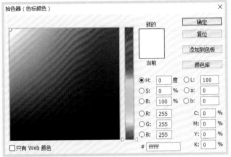

86 在渐变条上的位置 0% 处双击，修改数值，演示色值为 #ffffff。

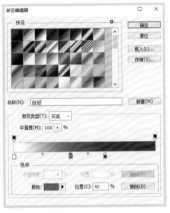

87 在渐变条上的位置 40% 处双击，修改数值，演示色值为 #0c67ff。

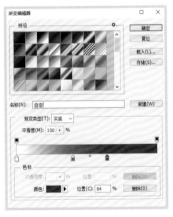
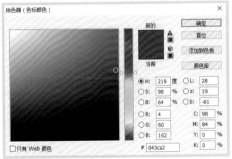

88 在渐变条上的位置 64% 处双击，修改数值，演示色值为 #043ca2。

89　进行渐变叠加，效果如图所示。

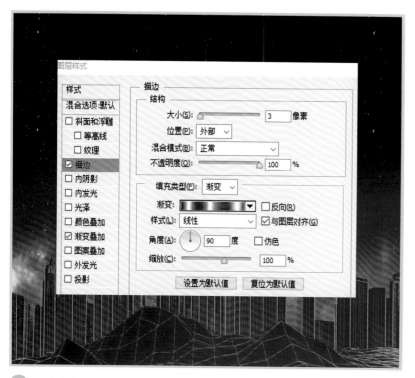

90　双击文字图层，再添加描边图层样式。

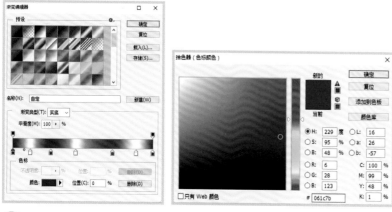

91　在渐变条上的位置 0% 处双击，修改数值，演示色值为 #061c7b。

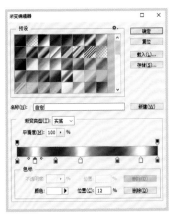
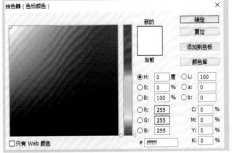

92 在渐变条上的位置 12% 处双击，修改数值，演示色值为 #ffffff。

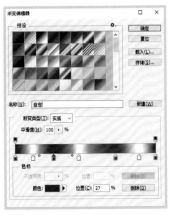

93 在渐变条上的位置 27% 处双击，修改数值，演示色值为 #0e2485。

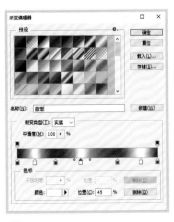
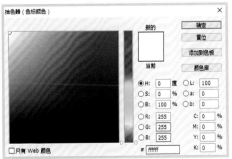

94 在渐变条上的位置 45% 处双击，修改数值，演示色值为 #ffffff。

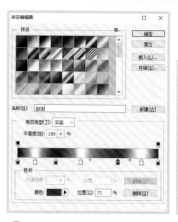
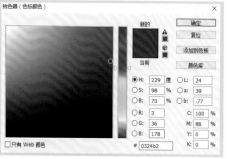

95　在渐变条上的位置 71% 处双击，修改数值，演示色值为 #0324b2。

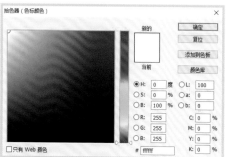

96　在渐变条上的位置 88% 处双击，修改数值，演示色值为 #ffffff。

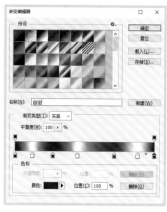
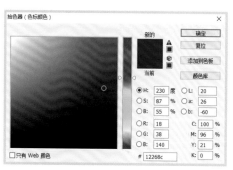

97　在渐变条上的位置 100% 处双击，修改数值，演示色值为 #12268c。

98 设置描边渐变，整体效果如图所示。

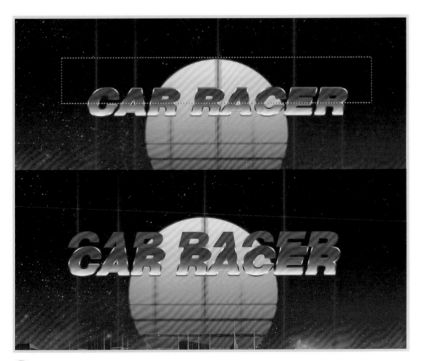

99 字体设置：用矩形选框工具（快捷键为"M"）选中字体的上半部分，先后按快捷键"Ctrl"+"C"和"Ctrl"+"V"复制出来一份。

100 字体设置：将复制出来的文字颜色叠加成白色。

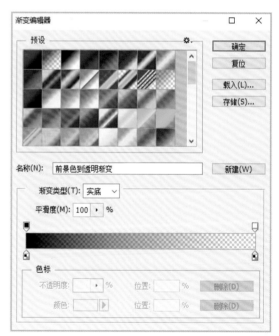

101 字体设置：给该图层增加蒙版，选择渐变工具（快捷键为"G"），选择常规的系统渐变颜色，即黑色－透明，按住"Shift"键同时拖曳鼠标指针使渐变生效，一直到达到想要的位置为止。

102 字体设置：加完高光之后要加暗部，新建图层，选中文字中高光之下的部分，选择墨蓝色柔边画笔进行绘制，添加暗部笔刷色值为#032259，注意该图层要在加高光操作的图层下方，画好后减低透明度直至想要的效果，演示效果如图所示。

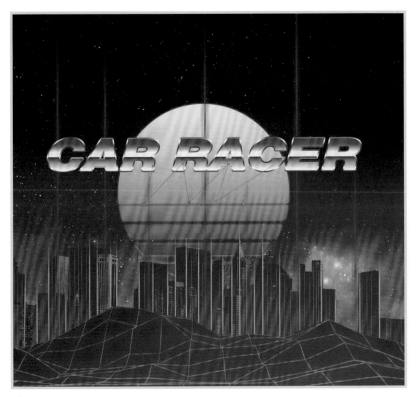

103 细节调整：新建图层，使用钢笔工具绘制路径。

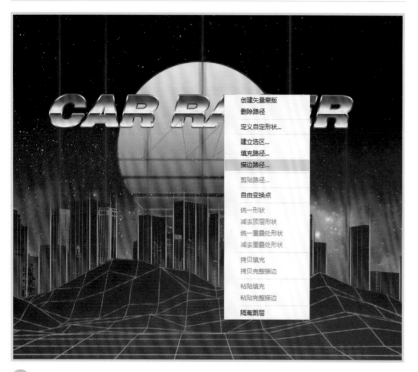
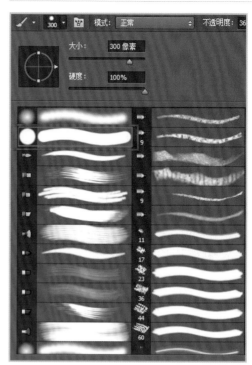

104 细节调整：选择画笔工具，设置使用红框中系统自带的特殊笔刷，单击鼠标右键，在菜单中选择"描边路径"命令。

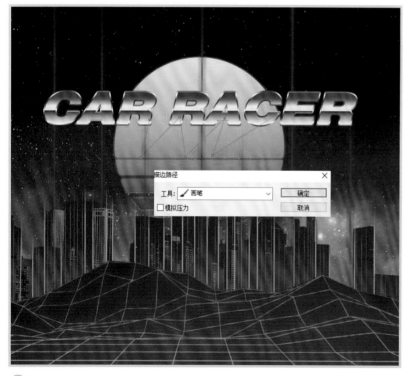

105 细节调整：在"描边路径"对话框中将"工具"选择为画笔。

106 细节调整：效果如图所示。

107 细节调整：将上一步操作完成的图层复制一层，放置在原图层下方，执行"滤镜 > 模糊 > 高斯模糊"命令，在"高斯模糊"对话框中将"半径"设为7.0左右，效果如图所示。

108 增加文字 THE NIGHT MOOD，将其调整到合适的大小及位置，完成效果如图所示。

109 附加效果：将除了文字和车以外的显示图层全部选中，按快捷键"Ctrl"+"Shift"+ "Alt"+"E"盖印图层，执行"滤镜>扭曲>置换"命令。

110 附加效果：打开素材中的其中一个文件，对置换数值进行设置。"水平比例"设为 10，"垂直比例"设置为 10，"置换图"选择为伸展以适合，"未定以区域"选择重复边缘像素。

111 附加效果：置换后的效果如图所示。

112 附加效果：将素材 Ghost Glitch 置入。

113 附加效果：素材图层叠加效果为变亮，多余的地方可以添加蒙版来擦除。

114 观察效果，使用矩形工具新建两个黑色矩形进行遮挡观察。如果觉得效果可以，即可进行裁剪。至此该案例已经全部完成。

【裁剪工具】的使用方法

裁剪工具的快捷键是"C"。设置裁剪参考线，方法是单击工具选项栏中的▦图标，可以打开下拉菜单，选择合适的选项。

Photoshop 提供了一系列裁剪参考选项，可以帮助用户合理构图，使画面更加艺术、美观。

COAL VS. FIRE
焦炭与火星 / 火苗碰撞

我们经常看到一些海报级别大制作中的焦炭和火星 / 火苗结合的视觉效果，非常震撼人心，视觉撞击很猛烈。 有些艺术家会为了这种视觉效果，拍摄前要花费好几天时间去布景，尝试很多材料，就为了捕捉到火苗烧尽、一片焦炭的灰黑和中间的斑点星火。 也有些艺术家会用 Photoshop 纯合成出心中的效果。 不管怎样，它表达了艺术家内心的矛盾：绝望、内心的波涛汹涌、无声的呼喊。

这种表现形式是一种视觉比喻，预示着危险即将到来。艺术家经常以这种视觉隐喻死亡、愤怒、被放弃的希望。别忘了这个视觉主要是由红与黑为主要色彩，这两个颜色本身就非常有张力。红色代表了愤怒、生命和危险，黑色代表了死亡、阴郁和无声的抗议。所以如果你要用这种视觉表达自己的想法，要谨慎哦!

NOW, LET'S DO IT!
焦炭与火星实战

① 将鹿的素材图导入到 Photoshop 画布中。

② 使用钢笔工具将鹿的头部抠图。

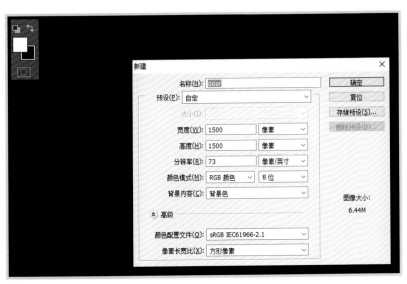

③ 新建黑色画板，将背景色转换成黑色，前景色为白色。

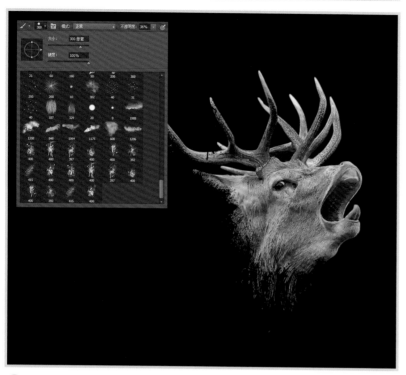

④ 将素材中所给笔刷导入到 Photoshop 笔刷设置中。

Photoshop 导入笔刷的方法

打开 Photoshop 软件，左侧工具箱内可以找到画笔工具，快捷键为"B"。

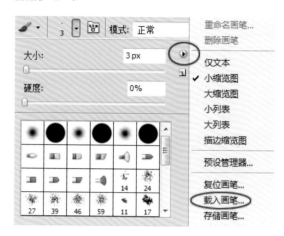

单击笔刷栏的小三角，选择"载入笔刷"命令。选择你下载好的笔刷文件，单击载入。完成后在笔刷栏就可以找到它并使用了。

⑤ 给鹿头新建图层蒙版，用黑色笔刷，任选所给的素材笔刷将鹿头不需要的地方遮盖住，制造出被火烧过的样子。

⑥ 添加黑白调整图层，将素材转化成黑白色。

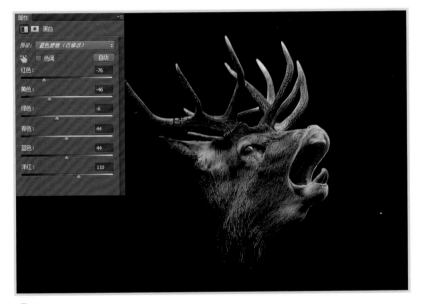

⑦ 添加黑白调整图层后，"预设"选择蓝色滤镜，去调整每一个色调，如图所示。
"红色"设为 -76，"黄色"设为 -46，"绿色"设为 -6，"青色"设为
44，"蓝色"设为 44，"洋红"为 110。

⑧ 调整后的效果如图所示。

 【黑白调整图层】的使用方法

在 Photoshop 中，右下角处有增加黑白调整层的图标（即图
中红框标出的图标）。单击之后会出现一个新的带蒙版的黑
白调整层。

 黑白调整图层和去色有什么不同？

黑白调整图层是专门用来制作黑白或单色图片的工具。当然，
我们可以把图片去色直接变成黑白效果，但这种黑白效果不
够专业。黑白调整图层的功能强大很多，创建黑白调整图层后，
图片会变成黑白效果，不过在设置面板中仍然能对图片的原
有颜色进行识别，我们可以调节不同的颜色的数值来加深或
减淡某种颜色区域的明暗，而不会影响其他颜色部分。这样
我们调出的黑白图片的层次感非常强。

调整面板上有着色选项，有点类似"色相 / 饱和度"面板中的
着色选项，勾选后就会变成相应的单色图片。黑白调整图层
的着色更为复杂，同样也可以识别原图片颜色，可以微调局
部明暗。

⑨ 将焦炭素材置入 Photoshop 画布中，用矩形选框工具选择其中一部分拖曳到海报画布中。

⌨ 【自由变换】（快捷键为"Ctrl+T"）的使用方法

1. 正常情况下（不按任何键）
（1）拖动边框：单边缩放
（2）拖动角点：长宽同时缩放
（3）框外旋转：自由旋转

2.Shift+ 鼠标
（1）拖动边框：单边缩放
（2）拖动角点：长宽等比例缩放
（3）框外旋转：以 15° 的倍数旋转

3.Ctrl+ 鼠标
（1）拖动边框：自由平行四边
（2）拖动角点：角度和相邻两边发生变化
（3）框外旋转：自由旋转

4.Alt+ 鼠标
（1）拖动边框：对边等比缩放，角度不变
（2）拖动角点：中心对称自由缩放

⑩ 将焦炭素材缩小放置在合适的位置。

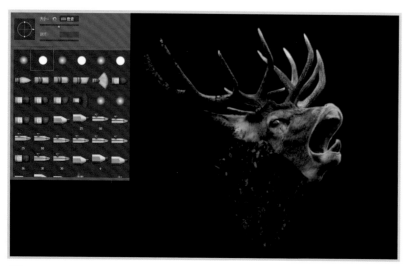

⑪ 给图层添加白色蒙版，选择使用黑色圆形硬边圆的笔刷，不透明度设为100%。将一定要去掉的边缘直接用黑色画笔在蒙版上遮盖掉。（注意：硬边缘的画笔用于去掉不需要的边缘，柔边画笔用于图片的完美融合。）

12 使用素材中给到的笔刷，在上一步的基础上进行进一步的细节遮盖融合。

13 将名称为"脖子处"的图层复制，放在鹿的耳朵位置进行图层处理，并把图层名更改为"耳朵处"。

14 将名称为"脖子处"的图层复制，放在鹿角的位置进行图层处理，并把图层名更改为"鹿角处"。

15 此处完成效果如图所示。

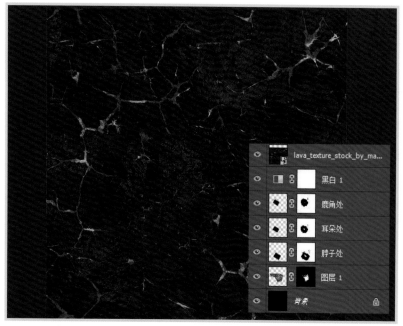

16 将火山原浆素材置入画布，将该图层至于黑白调整图层上方。

17 将素材缩小放置在脖子处合适的位置。

18 给该图层增加蒙版，并先用黑色实边画笔将不需要的边缘遮盖擦除，再用素材笔刷进行细致调整。

19 将火山原浆素材再一次导入，素材缩小放置在鹿角处合适的位置。

20 给该图层增加蒙版，并先用黑色实边画笔将不需要的边缘遮盖擦除，再用素材笔刷进行细致调整。

21 将火焰素材导入。请注意，火焰的搭配选择不唯一，可以任意搭配组合。

22 第一个火焰素材置入后等比缩小，并放置在相对合适的位置，图层混合模式设
为变亮（火焰在黑色背景下不需要抠图，直接改变图层混合模式为变亮即可）。

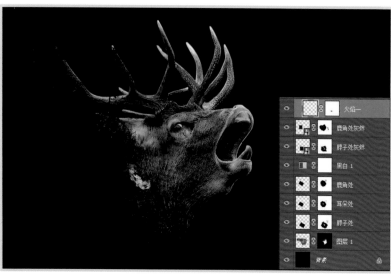

23 根据自己希望的火势走向，添加蒙版并使用黑色画笔进行调整。

(24) 第二个火焰素材置入后等比缩小，并放置在相对合适的位置。

【自由变换 & 变形】介绍

在按快捷键"Ctrl"+"T"启动变换工具后单击公共栏中的自由变换图标，图像即会生成一个弯曲网格，网格将图像分为了 9 个部分。

此时拖动图像任意部位即可产生弯曲的效果，拖动位于互为对角的 4 个角可以移动，并且还可以更改角点的方向线的角度和长度，令角点处呈现锐角或钝角。

(25) 图层混合模式设为变亮（火焰在黑色背景下不需要抠图，直接将图层混合模式改为变亮即可）。

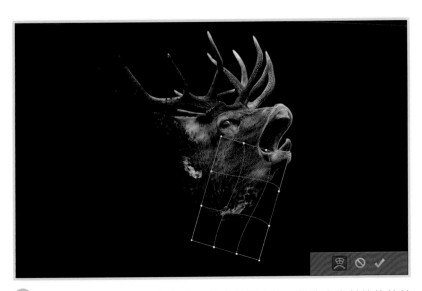

(26) 如果希望火焰的走向根据自己的素材而变化，就选中素材按快捷键"Ctrl"+"T"，再单击自由变换图标（左下角第一个图标），会出现调整变形网格，移动网格中的点即可进行变形操作。

27 将第三个火焰素材置入后等比缩小，并将其放置在相对合适的位置，图层混合模式设为变亮（火焰在黑色背景下不需要抠图，直接改变图层混合模式为变亮即可）。

28 根据自己希望的火势走向，添加蒙版并使用黑色画笔进行调整。

29 为了素材的多样性考虑，可以使用套索工具选取图片中的任意部位进行制作。按照之前的操作思路将鹿角处的效果处理完成。

30 所有的火焰素材效果制作如图所示。

31 将火花素材置入。

32 在素材中选出所需要的部分。

33 根据之前的蒙版合成思路，在火焰的边缘适当加入喷溅出的火花。火花素材处理效果如图所示。

34 新建图层，图层混合模式为滤色。选用红色柔边画笔，"不透明度"设为80%左右。"拾色器"中选择红色，色值为#ff0000。

35 给整体的鹿头增加层次感。将鹿头的最初始图层复制一份，并且放在所有图层的最上方，使用加深工具，在鹿角和头部与火焰交接处涂抹加深，加深工具的曝光度在30%左右。

 【加深工具】的使用方法

在 Photoshop 中，加深工具（快捷键为"O"）用来将图像变暗，将颜色加深。

加深工具的位置在工具栏的减淡工具组里，使用加深工具时，可设置加深工具的主直径、硬度、曝光度及范围。

36 将加深图层的"混合模式"改为叠加，"不透明度"设为 50% 左右，效果如图所示。

 【混合模式：叠加】的使用方法

叠加模式：

此模式会得到当前图层图像的色彩与下层图像的色彩进行混合的效果，而且可以让图像的暗处加深或亮处增亮，适合在加强对比度和提高饱合度时使用。

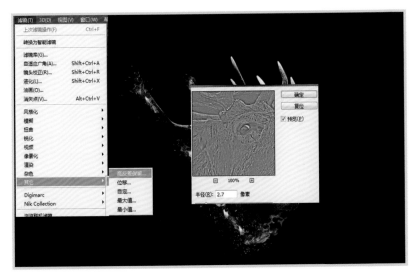

 【高反差保留】的使用方法

高反差保留滤镜可以在有强烈颜色转变的地方按照指定的半径保留边缘细节，并且不显示图像的其余部分。该滤镜对于从扫描图像中取出艺术线条和大的黑白区域非常有用。

通过"半径"值可调整原图像保留的程度，该值越高，保留的原图像就越多。如果该值为 0，则整个图像变为灰色。

37 添加 HDR 效果，执行"滤镜 > 其他 > 高反差保留"命令，高反差保留的半径数值设置为 2.7 像素。

38 添加高反差保留滤镜后的效果如图所示。

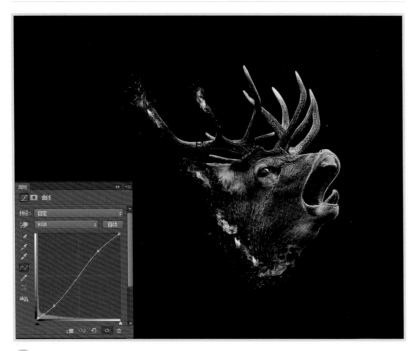

39 给所有图层添加曲线调整图层，使暗部更暗，亮部提亮，曲线调整完成后将"不透明度"改为 78%，效果如图所示。

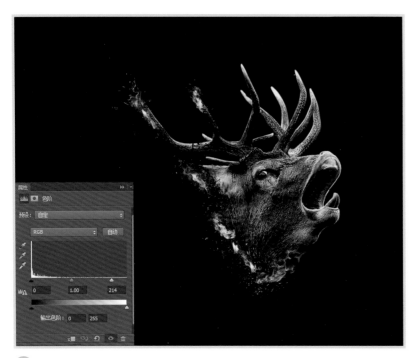

40 给整体图层添加色阶调整蒙版，演示数值为 0、1、214，不透明度为 70%。

 【曲线调整层】的使用方法

在 Photoshop 中，右下角处有增加曲线调整层的按钮（即如图红框标出的按钮）。按下之后会出现一个新的带蒙版的曲线调整层。

曲线：
允许调整图像的整个色调范围。但是，"曲线"不是只使用3 个变量（高光、暗调、中间调）进行调整，而是可以调整0~255 范围内的任意点，同时保持 15 个其他值不变。也可以使用"曲线"对图像中的个别颜色通道进行精确的调整。

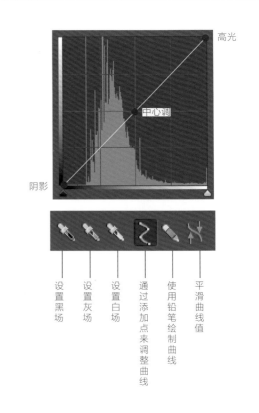

 【色阶】的使用方法

输出色阶：
可以限制图像的亮度范围，降低对比度，使图像呈现褪色效果。

41 整体视觉效果完全用黑、白、灰会太过于单一，为了给整体图层添加一些色彩感，再加一个曲线调整图层，此时整体鹿头偏黄色，效果如图所示。

42 在曲线调整面板中，在默认的"RGB"处单击，在打开的下拉列表中选择蓝色，调整曲线，上拉加绿，下拉加蓝。

43 在曲线调整面板中，在默认的"RGB"处单击，在打开的下拉列表中选择红色，调整曲线，上拉加红，下拉加绿。

44 添加背景素材。

45 按快捷键"Ctrl"+"T",然后将素材拉大,将图层叠加模式改为滤色,"不透明度"设为90%。

Photoshop
快捷键

常用工具快捷键
工具箱（多种工具共用一个快捷键的可同时按【Shift】加此快捷键选取）。

路径选择、直接选取	【A】	**[文件操作] 常用命令**	
渐变、油漆桶	【G】	新建图形文件	【Ctrl】+【N】
裁剪	【C】	打开已有的图像	【Ctrl】+【O】
减淡、加深、海绵	【O】	打开为	【Ctrl】+【Alt】+【O】
模糊、锐化、涂抹	【R】	关闭当前图像	【Ctrl】+【W】
默认前景色和背景色	【D】	保存当前图像	【Ctrl】+【S】
抓手	【H】	另存为	【Ctrl】+【Shift】+【S】
矩形、圆角矩形、椭圆、多边形、直线	【U】	存储为网页用图形	【Ctrl】+【Alt】+【Shift】+【S】
仿制图章、图案图章	【S】	页面设置	【Ctrl】+【Shift】+【P】
橡皮擦、背景橡皮擦、魔术橡皮擦	【E】	打印预览	【Ctrl】+【Alt】+【P】
文字	【T】	打印	【Ctrl】+【P】
钢笔、自由钢笔	【P】	退出 Photoshop	【Ctrl】+【Q】
套索、多边形套索、磁性套索	【L】		
吸管、颜色取样器、标尺	【I】		
画笔、铅笔	【B】	**[编辑操作] 常用命令**	
历史记录画笔、历史记录艺术画笔	【Y】	还原 / 重做前一步操作	【Ctrl】+【Z】
缩放	【Z】	一步一步向前还原	【Ctrl】+【Alt】+【Z】
移动	【V】	一步一步向后重做	【Ctrl】+【Shift】+【Z】
切换标准模式和快速蒙版模式	【Q】	淡入 / 淡出	【Ctrl】+【Shift】+【F】
循环选择画笔	【[】或【]】	剪切选取的图像或路径	【Ctrl】+【X】或【F2】
矩形、椭圆选框工具	【M】	拷贝选取的图像或路径	【Ctrl】+【C】
切片、切片选择	【C】	合并拷贝	【Ctrl】+【Shift】+【C】
喷枪	【J】	将剪贴板的内容粘到当前图形中	【Ctrl】+【V】或【F4】
切换前景色和背景色	【X】	将剪贴板的内容粘到选框中	【Ctrl】+【Shift】+【V】

自由变换	【Ctrl】+【T】
应用自由变换（在自由变换模式下）	【Enter】
从中心或对称点开始变换（在自由变换模式下）	【Alt】
限制（在自由变换模式下）	【Shift】
扭曲（在自由变换模式下）	【Ctrl】
取消变形（在自由变换模式下）	【Esc】
自由变换复制的象素数据	【Ctrl】+【Shift】+【T】

再次变换复制的象素数据并建立一个副本
【Ctrl】+【Shift】+【Alt】+【T】

| 删除选框中的图案或选取的路径 | 【DEL】 |

用背景色填充所选区域或整个图层
【Ctrl】+【BackSpace】或【Ctrl】+【Del】

用前景色填充所选区域或整个图层
【Alt】+【BackSpace】或【Alt】+【Del】

弹出"填充"对话框	【Shift】+【BackSpace】
从历史记录中填充	【Alt】+【Ctrl】+【Backspace】
打开"颜色设置"对话框	【Ctrl】+【Shift】+【K】
打开"预先调整管理器"对话框	【Alt】+【E】放开后按【M】
预设画笔	【Ctrl】+【1】
预设颜色样式	【Ctrl】+【2】
预设渐变填充	【Ctrl】+【3】
预设图层效果	【Ctrl】+【4】
预设图案填充	【Ctrl】+【5】
预设轮廓线	【Ctrl】+【6】

预设定制矢量图形	【Ctrl】+【7】
打开"预置"对话框	【Ctrl】+【K】
设置"常规"选项（在预置对话框中）	【Ctrl】+【1】
设置"存储文件"（在预置对话框中）	【Ctrl】+【2】
设置"显示和光标"（在预置对话框中）	【Ctrl】+【3】
设置"透明区域与色域"（在预置对话框中）	【Ctrl】+【4】
设置"单位与标尺"（在预置对话框中）	【Ctrl】+【5】
设置"参考线与网格"（在预置对话框中）	【Ctrl】+【6】
设置"增效工具与暂存盘"（在预置对话框中）	【Ctrl】+【7】
设置"内存与图像高速缓存"（预置对话框中）	【Ctrl】+【8】

［图像操作］常用命令

调整色阶	【Ctrl】+【L】
自动调整色阶	【Ctrl】+【Shift】+【L】
自动调整对比度	【Ctrl】+【Alt】+【Shift】+【L】
打开曲线调整对话框	【Ctrl】+【M】
前移控制点（"曲线"对话框中）	【Ctrl】+【Tab】
后移控制点（"曲线"对话框中）	【Ctrl】+【Shift】+【Tab】
选择彩色通道（"曲线"对话框中）	【Ctrl】+【~】
选择单色通道（"曲线"对话框中）	【Ctrl】+【数字】
打开"色彩平衡"对话框	【Ctrl】+【B】
打开"色相/饱和度"对话框	【Ctrl】+【U】
全图调整（在"色相/饱和度"对话框中）	【Ctrl】+【~】

只调整红色（在"色相／饱和度"对话框中）【Ctrl】+【1】

只调整黄色（在"色相／饱和度"对话框中）【Ctrl】+【2】

只调整绿色（在"色相／饱和度"对话框中）【Ctrl】+【3】

只调整青色（在"色相／饱和度"对话框中）【Ctrl】+【4】

只调整蓝色（在"色相／饱和度"对话框中）【Ctrl】+【5】

只调整洋红（在"色相／饱和度"对话框中）【Ctrl】+【6】

去色　　　　　　　　　　　【Ctrl】+【Shift】+【U】

反相　　　　　　　　　　　　　　　　【Ctrl】+【I】

[图层操作] 常用命令

从对话框新建一个图层　　　【Ctrl】+【Shift】+【N】

以默认选项建立一个新的图层

　　　　　　　　【Ctrl】+【Alt】+【Shift】+【N】

通过拷贝建立一个图层（无对话框）　　【Ctrl】+【J】

从对话框建立一个通过拷贝的图层　【Ctrl】+【Alt】+【J】

通过剪切建立一个图层　　　【Ctrl】+【Shift】+【J】

从对话框建立一个通过剪切的图层

　　　　　　　　【Ctrl】+【Shift】+【Alt】+【J】

与前一图层编组　　　　　　　　　　【Ctrl】+【G】

取消编组　　　　　　　　　【Ctrl】+【Shift】+【G】

将当前层下移一层　　　　　　　　　【Ctrl】+【[】

将当前层上移一层　　　　　　　　　【Ctrl】+【]】

将当前层移到最下面　　　　【Ctrl】+【Shift】+【[】

将当前层移到最上面　　　　【Ctrl】+【Shift】+【]】

激活下一个图层　　　　　　　　　　　【Alt】+【[】

激活上一个图层　　　　　　　　　　　【Alt】+【]】

激活底部图层　　　　　　　【Shift】+【Alt】+【[】

激活顶部图层　　　　　　　【Shift】+【Alt】+【]】

向下合并或合并联接图层　　　　　　　【Ctrl】+【E】

合并可见图层　　　　　　　【Ctrl】+【Shift】+【E】

盖印或盖印联接图层　　　　　【Ctrl】+【Alt】+【E】

盖印可见图层　　　　　【Ctrl】+【Alt】+【Shift】+【E】

调整当前图层的透明度　　　　　　　【0】至【9】

保留当前图层的透明区域（开关）　　　　　【/】

使用预定义效果（在"效果"对话框中）　【Ctrl】+【1】

混合选项（在"效果"对话框中）　　　【Ctrl】+【2】

投影选项（在"效果"对话框中）　　　【Ctrl】+【3】

内部阴影（在"效果"对话框中）　　　【Ctrl】+【4】

外发光（在"效果"对话框中）　　　　【Ctrl】+【5】

内发光（在"效果"对话框中）　　　　【Ctrl】+【6】

斜面和浮雕（在"效果"对话框中）　　【Ctrl】+【7】

轮廓（在"效果"对话框中）　　　　　【Ctrl】+【8】

材质（在"效果"对话框中）　　　　　【Ctrl】+【9】

[图层混合模式] 常用命令

循环选择混合模式　　　　【Shift】+【–】或【+】

正常 Normal　　　　　　　【Shift】+【Alt】+【N】

溶解 Dissolve　　　　　　【Shift】+【Alt】+【I】

正片叠底 Multiply　　　　【Shift】+【Alt】+【M】

屏幕 Screen　　　　　　　【Shift】+【Alt】+【S】

叠加 Overlay　　　　　　　【Shift】+【Alt】+【O】

柔光 Soft Light　　　　　　【Shift】+【Alt】+【F】

强光 Hard Light　　　　　　【Shift】+【Alt】+【H】

颜色减淡 Color Dodge　　【Shift】+【Alt】+【D】

颜色加深 Color Burn　　　【Shift】+【Alt】+【B】

变暗 Darken　　　　　　　【Shift】+【Alt】+【K】

变亮 Lighten　　　　　　　【Shift】+【Alt】+【G】

差值 Difference　　　　　　【Shift】+【Alt】+【E】

排除 Exclusion 【 Shift 】+【 Alt 】+【 X 】

色相 Hue 【 Shift 】+【 Alt 】+【 U 】

饱和度 Saturation 【 Shift 】+【 Alt 】+【 T 】

颜色 Color 【 Shift 】+【 Alt 】+【 C 】

光度 Luminosity 【 Shift 】+【 Alt 】+【 Y 】

[选择功能] 常用命令

全部选取 【 Ctrl 】+【 A 】

取消选择 【 Ctrl 】+【 D 】

重新选择 【 Ctrl 】+【 Shift 】+【 D 】

羽化选择 【 Ctrl 】+【 Alt 】+【 D 】

反向选择 【 Ctrl 】+【 Shift 】+【 I 】

载入选区 【 Ctrl 】+ 点按图层、路径、通道面板中缩约图

[滤镜] 常用命令

按上次的参数再做一次上次的滤镜 【 Ctrl 】+【 F 】

退去上次所做滤镜的效果 【 Ctrl 】+【 Shift 】+【 F 】

重复上次所做的滤镜（可调参数）【 Ctrl 】+【 Alt 】+【 F 】

选择工具（在 "3D 变化" 滤镜中） 【 V 】

直接选择工具（在 "3D 变化" 滤镜中） 【 A 】

立方体工具（在 "3D 变化" 滤镜中） 【 M 】

球体工具（在 "3D 变化" 滤镜中） 【 N 】

柱体工具（在 "3D 变化" 滤镜中） 【 C 】

添加锚点工具（在 "3D 变化" 滤镜中） 【 + 】

减少锚点工具（在 "3D 变化" 滤镜中） 【 – 】

轨迹球（在 "3D 变化" 滤镜中） 【 R 】

全景相机工具（在 "3D 变化" 滤镜中） 【 E 】

移动视图（在 "3D 变化" 滤镜中） 【 H 】

缩放视图（在 "3D 变化" 滤镜中） 【 Z 】

[视图操作] 常用命令

选择彩色通道 【 Ctrl 】+【 ~ 】

选择单色通道 【 Ctrl 】+【 数字 】

选择快速蒙板 【 Ctrl 】+【 \ 】

以 CMYK 方式预览（开关） 【 Ctrl 】+【 Y 】

打开 / 关闭色域警告 【 Ctrl 】+【 Shift 】+【 Y 】

放大视图 【 Ctrl 】+【 + 】

缩小视图 【 Ctrl 】+【 – 】

满画布显示 【 Ctrl 】+【 0 】

实际像素显示 【 Ctrl 】+【 Alt 】+【 0 】

向上卷动 10 个单位 【 Shift 】+【 PageUp 】

向下卷动 10 个单位 【 Shift 】+【 PageDown 】

向左卷动 10 个单位 【 Shift 】+【 Ctrl 】+【 PageUp 】

向右卷动 10 个单位 【 Shift 】+【 Ctrl 】+【 PageDown 】

显示 / 隐藏选择区域 【 Ctrl 】+【 H 】

显示 / 隐藏路径 【 Ctrl 】+【 Shift 】+【 H 】

显示 / 隐藏标尺 【 Ctrl 】+【 R 】

捕捉 【 Ctrl 】+【 ; 】

锁定参考线 【 Ctrl 】+【 Alt 】+【 ; 】

显示 / 隐藏 "颜色" 面板 【 F6 】

显示 / 隐藏 "图层" 面板 【 F7 】

显示 / 隐藏 "信息" 面板 【 F8 】

显示 / 隐藏 "动作" 面板 【 F9 】

显示 / 隐藏所有命令面板 【 TAB 】

显示或隐藏工具箱以外的所有调板 【 Shift 】+【 TAB 】

[文字处理] 常用命令

显示 / 隐藏 "字符" 面板 【 Ctrl 】+【 T 】

显示 / 隐藏 "段落" 面板 【 Ctrl 】+【 M 】

左对齐或顶对齐 【 Ctrl 】+【 Shift 】+【 L 】

中对齐　　　　　　　　　　【Ctrl】+【Shift】+【C】

右对齐或底对齐　　　　　　【Ctrl】+【Shift】+【R】

左 / 右选择 1 个字符　　　　【Shift】+【←】/【→】

下 / 上选择 1 行　　　　　　【Shift】+【↑】/【↓】

选择所有字符　　　　　　　　　　【Ctrl】+【A】

显示 / 隐藏字体选取底纹　　　　　【Ctrl】+【H】

选择从插入点到鼠标点按点的字符【Shift】加

左 / 右移动 1 个字符【←】/【→】

下 / 上移动 1 行【↑】/【↓】

左 / 右移动 1 个字【Ctrl】+【←】/【→】

将所选文本的文字大小减小 2 点像素

　　　　　　　　　　【Ctrl】+【Shift】+【<】

将所选文本的文字大小增大 2 点像素

　　　　　　　　　　【Ctrl】+【Shift】+【>】

将所选文本的文字大小减小 10 点像素

　　　　　　　【Ctrl】+【Alt】+【Shift】+【<】

将所选文本的文字大小增大 10 点像素

　　　　　　　【Ctrl】+【Alt】+【Shift】+【>】

将行距减小 2 点像素　　　　　　【Alt】+【↓】

将行距增大 2 点像素　　　　　　【Alt】+【↑】

将基线位移减小 2 点像素　　【Shift】+【Alt】+【↓】

将基线位移增加 2 点像素　　【Shift】+【Alt】+【↑】

将字距微调或字距调整减小 20/1000ems　【Alt】+【←】

将字距微调或字距调整增加 20/1000ems　【Alt】+【→】

将字距微调或字距调整减小 100/1000ems

　　　　　　　　　　【Ctrl】+【Alt】+【←】

将字距微调或字距调整增加 100/1000ems

　　　　　　　　　　【Ctrl】+【Alt】+【→】